Revizuirea teoriei relativității

ILIE BELU

Copyright ©2013, Editura Benefica International.
Toate drepturile rezervate pentru prezenta ediție românească.

Descrierea CIP a Bibliotecii Naționale a României
BELU, ILIE
Revizuirea teoriei relativității / Ilie Belu. - București :
Benefica International, 2013
Index
ISBN 978-606-93349-1-1

530.12

COMENZI PENTRU LIBRARI
ȘI DISTRIBUITORI DE CARTE

Tel. 0721 101 888 // 0721 101 884
004 021 323 19 85
office@editurabenefica.ro

CUPRINS

*Mulțumesc soției mele care m-a susținut
în realizarea și publicarea
acestei lucrări*

Autorul

PREFAȚĂ

De la publicarea de către Albert Einstein în anul 1905 a articolului cu titlul *Electrodinamica corpurilor în mișcare*, în care a pus bazele *teoriei relativității restrânse* (sau *speciale*, așa cum a scris Einstein), au trecut 104 ani. Teoria relativității restrânse studiază mișcarea rectilinie și uniformă a materiei. În 1916, teoria relativității restrânse a fost completată cu *teoria relativității generalizate*, în care este studiată mișcarea materiei în regim accelerat. În această lucrare ne vom ocupa numai de teoria relativității restrânse, căreia îi vom spune „teoria relativității".

Prin impactul pe care l-a avut asupra fizicii, asupra altor domenii ale științei și chiar asupra filozofiei și literaturii, teoria relativității a reprezentat cea mai importantă teorie a secolului XX. Teoria relativității a impresionat prin noutatea conceptelor sale privind spațiul și timpul, înlocuind concepția newtoniană asupra acestora.

S-au scris multe lucrări asupra teoriei relativității și s-au purtat numeroase discuții. Privită la început cu rezervă de către unii fizicieni, această teorie a fost treptat acceptată de majoritatea specialiștilor în acest domeniu, pentru că s-a dovedit a fi utilă. Pe baza ei au putut fi explicate în mod unitar rezultatele principalelor experiențe privind viteza luminii: experiența lui Fizeau (din anul 1851) și experiența lui Michelson (din anul 1881). Dependența de viteză a masei, stabilită de teoria relativității, a fost verificată experimental și a făcut posibile cercetările privind structura materiei prin accelerarea particulelor. Relația dintre masă și energie a evidențiat posibilitatea utilizării energiei nucleare. Teoria atomului relativist a permis stabilirea mai corectă a interacțiunilor dintre particulele care alcătuiesc atomii. De asemenea, utilizând teoria relativității, au fost stabilite mai corect interacțiunile dintre Soare, planete și sateliți în cadrul sistemului solar.

Există însă unele date experimentale care nu confirmă anumite relații stabilite de teoria relativității. Astfel, așa numita „dilatare" a timpului, măsurat de ceasornice în mișcare rectilinie și uniformă (cu viteză constantă) nu a fost confirmată. Creșterea duratei medii de viață a unor particule care se deplasează cu viteză mare se datorează probabil creșterii masei acestora, creștere determinată de viteza lor.

Observațiile astronomice privind lungimea de undă a luminii emise de stelele și galaxiile care se îndepărtează de Pământ arată că nu este respectată formula de „contracție" a lungimii.

În anul 2000, un grup de cercetători de la NEC Research Institute din Princeton (New York) a efectuat o experiență prin care au dovedit că lumina poate depăși limita maximă de viteză stabilită de teoria relativității, de cca 300.000 km/sec. Deși acest rezultat a putut fi explicat din punct de vedere fizic, faptul nu poate rămâne fără implicații asupra teoriei relativității.

Acestea sunt câteva dintre motivele pentru care teoria relativității ar trebui reevaluată. Trebuie să vedem care anume dintre conceptele ei au fost confirmate ca fiind în concordanță cu realitatea fizică și care nu corespund realității fizice. Punerea în concordanță a teoriei cu observațiile și rezultatele experimentale este neapărat necesară în procesul continuu de cunoaștere a naturii.

Autorul

1. SCURT ISTORIC AL CERCETĂRILOR PRIVIND PROPAGAREA LUMINII

În a doua jumătate a secolului al XIX-lea, James Clerk Maxwell a pus bazele teoriei câmpului electromagnetic. Viteza undelor electromagnetice în vid (notată cu „c") a fost stabilită de Maxwell ca fiind:

$$c = 1/\sqrt{\varepsilon_0 \mu_0} \approx 3x10^8 \, \text{m/s} \qquad (1)$$

S-a ajuns la concluzia că lumina este constituită din unde electromagnetice care se propagă în vid și în mediile transparente. La sfârșitul secolului al XIX-lea, fizicienii și-au pus problema propagării luminii în mediile în mișcare inerțială, adică în mișcare rectilinie și uniformă.

Fiecărui mediu sau fiecărui corp în mișcare inerțială i se poate atașa un sistem de referință față de care mediul sau corpul respectiv este fix. Acest sistem se numește sistem de referință inerțial propriu. Sistemele de referință în care sunt formulate legile mecanicii clasice sunt sisteme inerțiale.

Considerăm un sistem inerțial fix SI și alt sistem inerțial mobil SI' care se deplasează în vid cu o viteză rectilinie și uniformă v față de SI (Fig. 1).

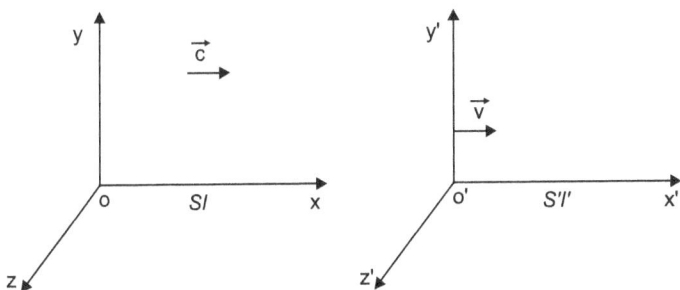

Fig. 1

În SI există o undă luminoasă cu viteza c față de SI. Atunci, conform teoriei mecanicii clasice, viteza undei luminoase în SI' ar trebui să fie $u = c - v$ (2).

Deci, în SI', viteza luminii nu ar fi c, așa cum stabilesc legile electrodinamicii. Aceasta ar însemna că legile electrodinamicii nu trebuie formulate la fel în toate sistemele inerțiale, spre deosebire de legile mecanicii, care au aceeași formulare în toate sistemele inerțiale.

A apărut astfel o contradicție între mecanica clasică (newtoniană) și electrodinamică. Pentru a explica fenomenele propagării luminii, a fost introdusă noțiunea de eter universal, un mediu deosebit, care umple tot spaţiul, inclusiv corpurile şi în care are loc propagarea luminii. De aceea, se considera că în desfăşurarea proceselor electromagnetice trebuie să se ia ca sistem de referinţă eterul universal.

Au fost formulate două teorii privind propagarea luminii. Prima teorie, cea a lui Hertz, considera că eterul universal este total antrenat de corpurile în mişcare, astfel încât viteza de propagare a luminii în vid este aceeaşi indiferent dacă acel corp se deplasează cu viteză constantă sau se află în repaus. Hertz a rămas însă la conceptele newtoniene, considerând spaţiul şi timpul ca fiind absolute. Totodată, a considerat că trebuie admise şi transformările lui Galilei, adică formulele clasice de compunere a vitezelor, aşa cum am arătat mai înainte. Din aceste motive, a trebuit să modifice legile câmpului electromagnetic astfel încât formularea acestora să fie aceeaşi în toate sistemele de referinţă inerţiale.

Cea de-a doua teorie a fost formulată de Lorentz, care a considerat că eterul este imobil şi constituie sistemul inerţial preferenţial în care legile electrodinamicii au forma dată de Maxwell, astfel că numai în acest sistem viteza luminii în vid are valoarea $c = 3 \times 10^8$ m/s, aceeaşi în toate direcţiile. Pentru a stabili care din aceste teorii este valabilă, s-au făcut multe experienţe. Dintre acestea, două au avut un rol hotărâtor în elaborarea teoriei relativităţii.

Prima experienţă a fost experienţa lui Fizeau. Principiul ei era acela de a trece o rază de lumină printr-un curent de apă care se deplasa cu o anumită viteză. Dacă teoria lui Hertz era valabilă, lumina trebuia să fie antrenată, astfel încât viteza luminii să crească exact cu valoarea vitezei curentului de apă. Rezultatul experienței nu a confirmat însă teoria lui Hertz. S-a constatat, într-adevăr, o antrenare a luminii de către curentul de apă, dar valoarea acesteia era aproximativ jumătate din cea necesară pentru confirmarea teoriei lui Hertz.

De aceea s-a trecut la verificarea experimentală a celei de-a doua teorii, teoria lui Lorentz. Dacă eterul este fix, fizicienii s-au gândit că s-ar putea face o experiență în care să se pună în evidență mișcarea absolută a Pământului față de eterul presupus fix. Această experiență a fost efectuată de Albert Michelson în 1881. Pentru aceasta, Michelson a construit un interferometru special și a căutat să stabilească o deplasare a franjelor de interferență obținute prin combinarea a două raze de lumină monocromatică. Una dintre aceste raze urma direcția de mișcare a Pământului, iar cealaltă rază avea o direcție perpendiculară pe prima. Întregul dispozitiv era apoi rotit cu 90° și trebuia să se producă o deplasare a franjelor de interferență, din care să se poata calcula viteza absolută a Pământului în raport cu eterul considerat imobil. La efectuarea experienței nu s-a constatat însă nicio deplasare a franjelor de interferență.

Experiența a fost repetată în 1887 de către A. Michelson împreună cu W. Morley și în 1904 de către W. Morley și D. Miller. De fiecare dată însă rezultatul a fost negativ, astfel încât nici teoria lui Lorentz nu a fost confirmată de experiențe.

Pentru a rezolva problema, G. Fitzgerald și H. Lorentz formulează ipoteza contracției dimensiunilor longitudinale ale tuturor corpurilor care se află în mișcare uniformă și rectilinie. Ipoteza contracției putea explica rezultatul negativ al experienței lui Michelson, dar la rândul ei a rămas inexplicabilă, cu toate încercările făcute de Lorentz.

2. PREZENTAREA TEORIEI RELATIVITĂȚII RESTRÂNSE

2.1. Postulatele lui Einstein

În anul 1905, Albert Einstein elaborează lucrarea cu titlul „Electrodinamica corpurilor în mișcare", în care pune bazele „teoriei relativității speciale", care mai târziu a fost denumită „teoria relativității restrânse". Această teorie a reușit să dea o explicație unitară diferitelor experiențe legate de fenomenele electromagnetice pentru corpurile în mișcare, fără a mai lua în considerare noțiunea de eter universal.

Pentru fundamentarea teoriei sale Einstein formulează două postulate (principii) care stau la baza teoriei relativității.

Primul postulat extinde aplicabilitatea principiului relativității din mecanica clasică și are următorul enunț: legile mecanicii clasice și ale electromagnetismului nu se schimbă (sunt invariante) la trecerea de la un sistem de referință (inerțial) la altul.

Al doilea postulat enunță faptul că viteza luminii este constantă și are următoarea formulare: viteza luminii în vid este constantă și nu depinde de starea de mișcare sau de repaus a sursei de lumină sau a observatorului.

Viteza luminii în vid se notează cu „c" și are valoarea $c = 299792460$ m/s.

Teoria relativității restrânse bazată pe cele două postulate ale lui Einstein se ocupă de fenomenele relativității în sisteme inerțiale de referință numai în cazul mișcărilor rectilinii și uniforme. Fenomenele relativității în cazul mișcărilor accelerate au fost tratate de Einstein în cadrul „teoriei relativității generalizate", elaborată în 1916. În această lucrare ne vom ocupa numai de teoria relativității restrânse, căreia îi vom spune „teoria relativității".

2.2. Relațiile de transformare ale lui Lorentz

Se consideră că avem două sisteme inerțiale: sistemul SI fix, cu axele de coordonate Ox, Oy, Oz, și sistemul SI' mobil, cu axele de coordonate $O'x'$, $O'y'$ și $O'z'$. La momentul inițial originile axelor O, respectiv O' coincid. De asemenea, coincid axele Ox cu $O'x'$, Oy cu $O'y'$ și Oz cu $O'z'$. Sistemul SI' se deplasează față de SI cu viteza v rectilinie și uniformă, în lungul axei Ox.

Se consideră că se produce un eveniment, în acest caz un semnal luminos care pleacă din originea O a axelor de coordonate ale sistemului *SI*. Lumina se va propaga sub forma unor unde sferice cu viteza *c* în sistemul *SI*. Mediul este considerat a fi omogen și izotrop, mai exact îl considerăm că este vid. În sistemul *ST'*, conform celui de-al doilea postulat al lui Einstein, viteza luminii este aceeași, adică este tot c. Punând această condiție, adică viteza luminii să fie egală în ambele sisteme inerțiale, vom ajunge la un sistem de ecuații după rezolvarea căruia obținem niște relații între coordonatele unui punct în sistemul *SI* și coordonatele aceluiași punct în sistemul *ST'*. În plus, se obține o relație între coordonata temporală *t* a unui punct în *SI* și coordonata temporală *t'* a aceluiași punct în *ST'*. Aceste relații sunt relațiile de transformare ale lui Lorentz:

$$x' = (x - vt)/\sqrt{1 - \beta^2} \; ; \qquad y' = y; \; z' = z \qquad (3)$$

$$t' = (t - vx/c^2)/\sqrt{1 - \beta^2} \text{ , unde } \beta^2 = v^2/c^2 \qquad (4)$$

În cazul când v<<*c* (viteza v este mult mai mică decât *c*), se obțin imediat relațiile de transformare Galilei-Newton din mecanica clasică. Dacă vom considera că *SI* are o mișcare uniformă cu viteza -v față de *ST'* se pot demonstra în mod asemănător relațiile inverse:

$$x = (x' + vt')/\sqrt{1 - v^2/c^2} \; ; \quad y = y'; \; z = z' \qquad (5)$$

$$t = (t' + \mathrm{v}x'/c^2)/\sqrt{1-\mathrm{v}^2/c^2} \qquad (6)$$

2.3. Dilatarea timpului şi contracţia lungimii

Să considerăm că are loc un proces, de exemplu mişcarea unui obiect în cele două sisteme inerţiale SI şi SI'. Cu ajutorul transformărilor lui Lorentz, găsim următoarea relaţie între duratele procesului în cele două sisteme de referinţă:

$$\Delta t' = \Delta t\sqrt{1-\mathrm{v}^2/c^2} \qquad (7), \text{ unde}$$

$\Delta t'$ este durata procesului în sistemul SI';
Δt este durata aceluiaşi proces în sistemul SI.

Deoarece $\sqrt{1-\mathrm{v}^2/c^2} < 1$, rezultă că $\Delta t > \Delta t'$. Se spune că timpul, mai exact intervalul de timp sau durata, s-a „dilatat".

Tot cu ajutorul transformărilor lui Lorentz se demonstrează că între dimensiunile unui corp în cele două sisteme de referinţă există următoarea relaţie:

$$\Delta l = \Delta l'\sqrt{1-\mathrm{v}^2/c^2} \qquad (8), \text{ unde}$$

$\Delta l'$ este lungimea corpului în sistemul propriu, SI' (faţă de care corpul este fix), lungimea fiind măsurată pe direcţia vitezei v, viteza cu care SI' se deplasează faţă de sistemul fix SI;
Δl este aceeaşi lungime în sistemul SI.

Observăm că dacă v = 0, lungimea în ambele siste-me este egală și are valoarea maximă: $\Delta lo = \Delta l'$. De aceea relația (8) se mai scrie astfel:

$$\Delta l = \Delta lo \sqrt{1 - v^2/c^2},$$

unde Δlo este lungimea în sistemul propriu și are valoarea maximă posibilă. Dacă viteza v crește, lungi-mea Δl (în *SI*) scade. Se spune că lungimea „se con-tractă".

Pe baza relațiilor de „dilatare" a timpului și de „con-tracție" a lungimii (spațiului), Einstein a considerat că reprezentările noastre despre spațiu și timp din meca-nica clasică trebuie schimbate. Dacă în mecanica new-toniană timpul curge la fel în toate sistemele inerțiale – timpul fiind absolut – în teoria relativității timpul este relativ și depinde de viteza sistemului inerțial. La fel, spațiul considerat absolut în mecanica newtoniană, în teoria relativității este considerat relativ, depinzând și el de viteza sistemului inerțial.

Relativitatea spațiului și timpului constituie partea spectaculoasă, senzațională a teoriei relativității. Aceasta a avut influență nu numai asupra fizicienilor. Au apă-rut chiar creații artistice în cinematografie și în literatura SF bazate pe aceste concepte ale relativității timpului și spațiului, care ne-au delectat cu imagini spectaculoase datorate unor probabile salturi în trecut sau în viitor. Vom reveni în capitolele următoare asupra acestor concepte privind relativitatea.

2.4. Compunerea vitezelor în cinematica relativistă

Considerăm că avem două sisteme inerțiale: SI – sistemul fix și ST' – sistemul mobil, care se deplasează cu viteza v (viteză de transport) față de SI. Viteza v este paralelă cu axele Ox (a sistemului SI) și $O'x'$ (a sistemului ST'). În sistemul ST' un obiect se deplasează cu viteza v' (viteză relativă) față de ST'. Considerăm că vectorul viteză relativă v' este paralel cu vectorul viteză de transport v. Folosind relațiile de transformare ale lui Lorentz se demonstrează că viteza u, a obiectului față de SI (viteza absolută), este paralelă cu v și v' și are valoarea:

$$u = \frac{v' + v}{1 + \dfrac{v'v}{c^2}} \qquad (9)$$

Observăm că în cazul când v $<< c$ (mult mai mic decât c) și v' $<< c$, formula de compunere relativistă dă același rezultat ca formula de compunere a vitezelor din mecanica clasică. Încercând cu diferite valori pentru v și v', dar mai mici decât c, observăm că obținem pentru u valori mai mici decât c. Dacă una sau ambele componente (v, v') sunt egale cu c, atunci $u = c$.

2.5. Viteza maximă posibilă după actuala teorie a relativității

Actuala teorie a relativității consideră că viteza maximă posibilă este c, viteza luminii în vid. Unii fizicieni cred că aceasta se datorează formulei de compunere relativistă a vitezelor (9). Este adevărat că dacă v și v' sunt diferite de zero și mai mici sau egale cu c, rezultă u mai mic sau egal cu c. Dar dacă una dintre componente este zero, u va fi egală cu cealaltă componentă a cărei valoare nu mai este limitată la c prin formula de compunere relativistă. De aceea credem că în actuala teorie a relativității viteza maximă posibilă este limitată la valoarea c prin formula care arată durata unui proces în cele două sisteme de referință (7).

$$\Delta t' = \Delta t \sqrt{1 - v^2/c^2}$$

Dacă v $>$ c, atunci numărul de sub radical este negativ și durata procesului într-un sistem este un număr imaginar, adică procesul nu este posibil în acel sistem. Deoarece în actuala teorie a relativității se consideră că are loc un singur proces în ambele sisteme, rezultă că procesul nu este posibil nici în celălalt sistem. Așadar, conform actualei teorii a relativității, nu este posibilă o viteză v $>$ c.

2.6. Masa relativistă

În mecanica newtoniană, masa corpurilor este considerată a fi constantă. În teoria relativității se demonstrează că masa unui corp depinde de viteza acestuia, mai exact crește cu viteza, după următoarea formulă:

$$m = m_0/\sqrt{1 - v^2/c^2} \qquad \text{(10), unde:}$$

m_0 este *masa de repaus*, adică masa corpului când viteza sa este zero;

m este *masa de mişcare*, adică masa aceluiaşi corp când viteza sa este v.

Se vede uşor că, datorită creşterii masei cu viteza, sub acţiunea unei forţe constante, acceleraţia scade şi astfel creşterea vitezei este limitată. Dacă v = c, masa m devine infinită. De aceea, conform actualei teorii a relativităţii, masa de repaus m_0 nu poate atinge viteza c.

2.7. Relaţia dintre masă şi energie

În mecanica clasică energia cinetică a unui corp se calculează cu formula:

Wcin. = $mv^2/2$, unde

Wcin. este energia cinetică;
m este masa considerată a fi constantă;
v este viteza corpului.

Plecând de la formula masei relativiste, dar şi în alt mod, în teoria relativităţii se demonstrează că energia cinetică Wcin. este egală cu diferenţa dintre masa de mişcare m şi masa de repaus m_0, înmulţită cu pătratul vitezei luminii în vid (c), adică:

Wcin. = $(m - m_0)c^2$.

Pentru o variație a energiei ΔW și o variație a masei Δm se poate scrie:

$$\Delta W = \Delta mc^2 \qquad\qquad (11)$$

Rezultă că oricărei variații a energiei unui corp îi corespunde o variație a masei sale. Notând cu E energia totală a unui corp, formula devine:

$$E = mc^2$$

Această relație stabilită de Einstein, care arată legătura dintre masă și energie, este foarte importantă pentru toate domeniile fizicii.

3. CONFIRMĂRI EXPERIMENTALE ALE UNOR RELAȚII STABILITE DE ACTUALA TEORIE A RELATIVITĂȚII

Dacă primul postulat al lui Einstein a fost relativ ușor acceptat de către alți fizicieni, nu același lucru s-a întâmplat cu al doilea postulat. Menținerea constantă a vitezei luminii indiferent de viteza sursei sau a observatorului a fost privită de către unii fizicieni cu mare rezervă, deoarece aceștia susțineau că viteza luminii nu este constantă. Astfel, potrivit ipotezei balistice a lui Ritz, viteza luminii emise de o sursă luminoasă se obține prin însumarea geometrică a vitezei sursei și a vitezei luminii emise de sursă când această sursă este în repaus. Prin această ipoteză, Ritz dorea să explice absența franjelor de interferență constatată în experiența lui Michelson.

Totuși, cercetările ulterioare au confirmat că viteza luminii nu depinde de starea de mișcare sau de repaus a sursei de lumină sau a observatorului. Astfel, Comstock, în anul 1910, respectiv de Sitter în anul 1913, au efectuat o serie de observații asupra orbitelor stelelor duble și au ajuns la concluzia că viteza luminii este constantă.

De asemenea, au fost efectuate experiențe optice cu dispozitive special construite, verificându-se în mod direct viteza de propagare a luminii. S-a ajuns la aceeași concluzie, că viteza luminii nu depinde de viteza sursei, menținându-se constantă indiferent că sursa este în mișcare sau că este în repaus.

Dacă verificarea experimentală a celui de-al doilea postulat s-a făcut la mulți ani după lansarea teoriei relativității, formula de compunere relativistă a vitezelor a putut fi verificată încă de la formularea teoriei relativității. Am arătat că la efectuarea experienței lui Fizeau s-a obținut o deplasare a franjelor de interferență, deși această deplasare era aproximativ jumătate din valoarea necesară pentru confirmarea teoriei lui Hertz. A rezultat astfel o antrenare parțială a undelor luminoase de către apa în mișcare. Formula care descrie această antrenare, cunoscută sub numele de „formula Fresnel Fizeau", este următoarea:

$$u = v_r + v_0(1 - 1/n^2) \qquad \text{(12), unde:}$$

$v_r = c/n$ este viteza luminii față de apa în mișcare;
v_0 este viteza de curgere a apei;
n este indicele de refracție al apei;
u este viteza rezultantă a luminii față de sistemul fix al observatorului.

Am prezentat mai înainte formula de compunere relativistă a vitezelor (9). Se aplică această formulă ținând seama că:

$v = v_o$, adică viteza sistemului mobil este viteza de curgere a apei;

$v' = v_r = c/n$ este viteza luminii față de sistemul mobil (apa în mișcare).

Considerăm că $v_o << c$ (v_o este mult mai mic decât c) și $v_o^2 << c$. După efectuarea înlocuirilor și a calculelor, neglijând termenii în care apare v_o^2/c^2n^2 și v_o^2/cn, regăsim formula Fresnel-Fizeau. Se vede că formula Fresnel-Fizeau este aproximativă, dar eroarea este destul de mică, astfel încât la determinările făcute prin măsurări eroarea este nesesizabilă.

Confirmarea formulei de compunere relativistă a vitezelor în cazul experienței lui Fizeau nu înseamnă că întreaga teorie a relativității este confirmată. Vom vedea mai departe că unele concepte ale teoriei relativității au fost infirmate de experiențe.

O altă formulă a teoriei relativității este cea care stabilește dependența masei unui corp de viteza acestuia (10), mai exact creșterea masei când crește viteza. Pentru verificarea acestei dependențe au fost efectuate experiențe care au confirmat creșterea masei cu viteza în concordanța cu formula stabilită de teoria relativității. De asemenea, au fost efectuate observații astronomice asupra planetelor și sateliților din sistemul solar. Și aceste observații au confirmat dependența masei de viteza corpurilor cerești. Astfel, putem spune că și această formulă este confirmată de experiențe, dar nu pentru orice viteză, ci numai pentru viteze mici față de c.

Altă relație stabilită de teoria relativității este legătura dintre masă și energie, după formula (11), care arată că oricărei variații a energiei unui sistem îi corespunde o variație a masei sale. S-a constatat că în reacțiile nucleare de fisiune sau de fuziune masele nu se conservă în sensul clasic, ci se conservă energia totală. Oricărei variații a energiei nucleelor îi corespunde o variație a masei lor. Acesta este unul dintre fenomenele care au permis verificarea directă a corectitudinii formulei care arată legătura dintre masă și energie. Menționăm și aici că această verificare nu poate fi valabilă pentru întreaga teorie a relativității, așa cum a fost interpretată.

4. INFIRMĂRI ALE UNOR CONCEPTE STABILITE DE ACTUALA TEORIE A RELATIVITĂȚII

Primul concept la care vrem să ne referim este cel privind viteza maximă posibilă. Potrivit actualei teorii a relativității, viteza c a luminii în vid este viteza maximă posibilă, așa cum am arătat mai înainte. Totuși, în anul 2000, trei cercetători de la NEC Research Institute din Princeton, între care și cercetătorul român Arthur Dogariu, au efectuat un experiment prin care au dovedit că viteza luminii în vid poate fi depășită tot de către lumină. Pentru aceasta a fost creat un mediu artificial cu un indice de refracție special. S-a dovedit astfel că acest concept al teoriei relativității privind imposibilitatea depășirii vitezei luminii în vid nu corespunde realității.

Al doilea concept la care vrem să ne referim este cel care afirmă relativitatea timpului. Conform acestui concept, durata unui proces într-un sistem inerțial fix este mai mare decât durata aceluiași proces într-un sistem inerțial mobil, care se deplasează cu o viteză v față de sistemul fix, așa cum arată formula $\Delta t \sqrt{1 - v^2/c^2} = \Delta t'$. În această formulă Δt este durata procesului (de exemplu, mișcarea unui mobil între două puncte) în sistemul fix, iar $\Delta t'$ este durata aceluiași proces în sistemul mobil. Este formula care arată așa-numita dilatare a timpului. Pentru confirmarea acestui concept au fost efectuate diferite experiențe. Dintre acestea menționăm experiențele privind durata de viață a particulelor elementare. Fizicienii au ajuns însă la concluzia că durata de viață a particulelor elementare crește, datorită creșterii masei lor, odată cu creșterea vitezei. Astfel, durata de viață a particulelor elementare nu poate fi considerată o confirmare a conceptului de dilatare a timpului. Relevantă ar putea fi măsurarea timpului cu ceasornice precise în mișcare rectilinie și uniformă și compararea timpului înregistrat de ele cu timpul măsurat de un ceasornic în repaus. Rezultatul unor astfel de experiențe a fost însă negativ; nu s-a putut pune în evidență o dilatare a timpului conform formulei relativiste menționate.

Astfel, conceptul relativității timpului este infirmat de experiențe.

Un al treilea concept relativist pe care îl supunem atenției este conceptul privind contracția lungimii (sau spațiului), adică, de fapt, relativitatea spațiului. Considerăm că există o sursă de lumină S și un sistem inerțial SI față de care sursa de lumină este fixă (Fig. 2a).

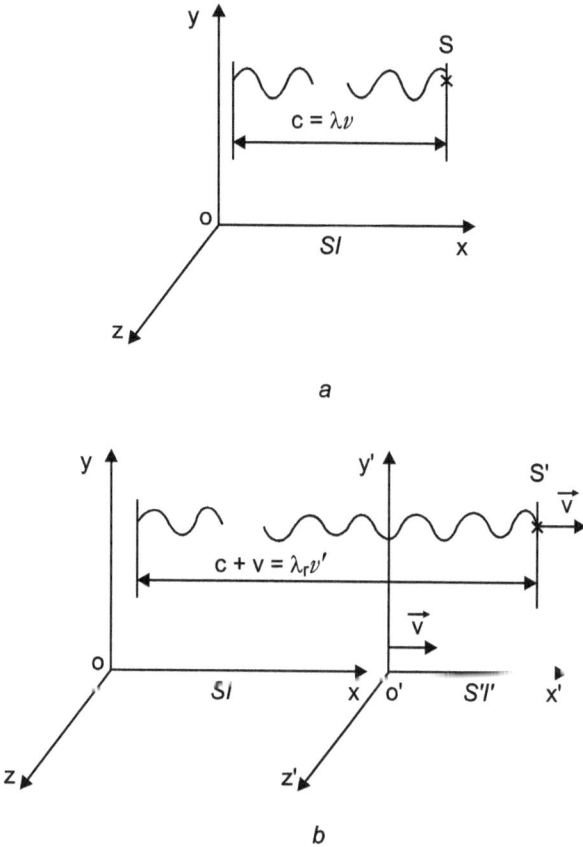

a

b

Fig. 2

Într-o secundă lumina străbate distanța c, iar relația dintre viteza luminii c, lungimea de undă λ și frecvența v este $c = \lambda v$ sau $\lambda = c/v$. (13)

Dacă înlocuim sursa S cu o sursă identică S' (Fig. 2b) care, împreună cu sistemul său propriu $S'I'$, se deplasează cu viteza v față de SI, atunci într-o secundă distanța străbătută de unde în $S'I'$ este $c = \lambda'v' = \lambda v$.

Deoarece S' este fixă în $S'I'$, ca și S în SI, iar S' și S sunt identice, atunci $v = v'$ si $\lambda = \lambda'$. Dar în SI distanța pe care o ocupă undele emise într-o secundă de S' este: $l = c + v = \lambda_r v'$, unde λ_r este lungimea de undă emisă de S' și recepționată în SI.

De unde $\lambda_r = (c + v)/v'$ (14) sau $\lambda_r = (c + v)/v$, adică $\lambda_r > \lambda$. Dacă viteza sursei are sens invers, trebuie să înlocuim v cu -v, și atunci $\lambda_r < \lambda$.

Așadar, lungimea de undă crește dacă sursa se în-depărtează de observator și scade dacă sursa se apropie de observator. Variația lungimii de undă este $d\lambda = \lambda_r - \lambda$. Calculând raportul $d\lambda /\lambda$, găsim:

$$\frac{d\lambda}{\lambda} = \frac{v}{c} \qquad (15)$$

Este formula legii lui Doppler, cu ajutorul căreia se calculează viteza sursei de lumina față de observator, formulă utilizată în astronomie.

Să aplicăm însă formula relativistă a contracției lun-gimii în cazul în care sursa de lumină S' se îndepărtează de sistemul fix cu viteza v. În sistemul propriu de referință al sursei ($S'I'$), lungimea de undă va fi $\lambda' = \lambda$ pentru că sursa S' este fixă față de $S'I'$, la fel ca sursa S față de SI. Dar în sistemul fix SI lungimea de undă recepționată relativistă λ_{rr} (emisă de S') va fi mai mică datorită contracției relativiste a lungimii. (Fig. 3)

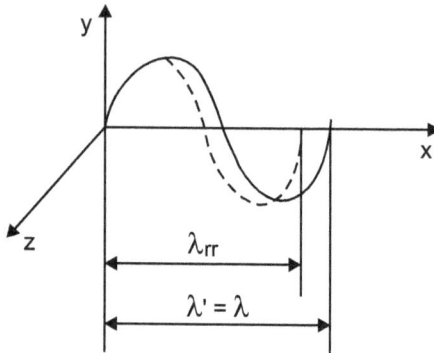

Fig. 3

Aplicând formula acestei contracţii (8), obţinem lungimea de undă recepţionată relativistă:

$$\lambda_{rr} = \lambda' \sqrt{1 - v^2/c^2} = \lambda \sqrt{1 - v^2/c^2}.$$

Deoarece $v < c$, valoarea radicalului este subunitară şi rezultă $\lambda_{rr} < \lambda$. Rezultatul este însă diferit de cel obţinut utilizând formula legii lui Doppler. Constatăm, de asemenea, că aplicând conceptul relativităţii spaţiului, lungimea de undă scade fie că sursa de lumină se îndepărtează de observator, fie că se apropie, deoarece v intră în calcul la puterea a doua.

Acest rezultat teoretic relativist este însă infirmat de observaţiile astronomice. Aceste observaţii au arătat că atunci când o stea sau o galaxie se îndepărtează de Pământ, lungimea de undă creşte, iar când se apropie, lungimea de undă scade conform legii lui Doppler (15). Astfel, conceptul relativist al contracţiei lungimii este infirmat de observaţiile astronomice.

Având în vedere cele de mai înainte, este necesar să facem o analiză a consideraţiilor teoretice care au stat la baza conceptelor relativiste infirmate de experiențe. Pentru aceasta este însă necesar să analizăm mai întâi problema celui de-al doilea postulat al lui Einstein.

5. VITEZA LUMINII ÎN VID

Presupunem că avem o sarcină electrică punctiformă Q care se deplasează în vid cu viteza rectilinie și uniformă v (Fig. 4). Sarcina produce un câmp electric $E = Q/4\pi\varepsilon_0 r^2$.

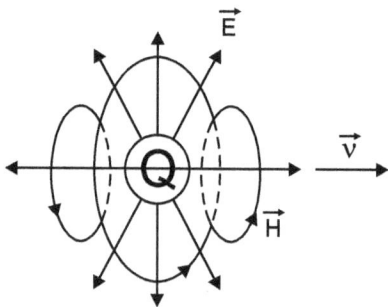

Fig. 4

– ε_0 este permitivitatea electrică a vidului;
– r este distanța de la sarcină la punctul de măsurare a câmpului.

Liniile de forță ale câmpului electric sunt linii drepte care pleacă din centrul sarcinii Q.

Datorită deplasării, sarcina electrică produce și un câmp magnetic $H = Qv/4\pi r^2 \sin\alpha$, unde α este unghiul dintre direcția vitezei v și direcția pe care se măsoară H, în timp ce r este distanța de la sarcină la punctul de măsurare. Considerăm că măsurăm câmpul H numai pe o direcție perpendiculară pe v, și atunci:

$$H = Qv/4\pi r^2$$

Liniile de forță ale câmpului magnetic sunt curbe închise circulare, al căror plan este perpendicular pe v. Din formula câmpului electric găsim $Q = E4\pi\varepsilon_0 r^2$, de unde:

$$H = (E4\pi\varepsilon_0 r^2 v)/4\pi r^2 = E\varepsilon_0 v \text{ sau } B = E\varepsilon_0\mu_0 v,$$

unde
B este câmpul inducției magnetice;
μ_0 este permeabilitatea magnetică a vidului.

Prin deplasarea cu viteza v a câmpului B are loc generarea unui câmp electric de inducție $E_1 = Bv$ sau $E_1 = E\varepsilon_0\mu_0 v^2$. În cazul când $v = c = 1/\sqrt{\varepsilon_0\mu_0}$ (viteza luminii în vid), rezultă:

$$E_1 = E\varepsilon_0\mu_0 c^2 \qquad (16)$$

Înlocuind valoarea lui c arătată mai sus, obținem:

$$E_1 = E$$

Astfel, la viteza luminii c, câmpul electric se transformă în câmp magnetic și apoi, prin inducție electromagnetică, rezultă un câmp electric egal cu cel inițial. Acest fenomen se întâmplă la propagarea luminii în vid: câmpul electric se transformă în câmp magnetic și apoi iar într-un câmp electric de intensitate egală cu cel inițial, fără pierdere și fără a se câștiga nimic. Procesul se repetă continuu, de un număr mare de ori pe secundă, egal cu frecvența luminii. Energia undei electromagnetice în elementul de volum ΔV din jurul unui punct (în vid) este, după cum se știe:

$$w = \varepsilon_0 E^2 = B^2/\mu_0 \tag{17}$$

Să presupunem că avem o sursă de lumină S în vid și un ecran receptor R în repaus față de S, care primește și absoarbe lumina emisă de S (Fig. 5).

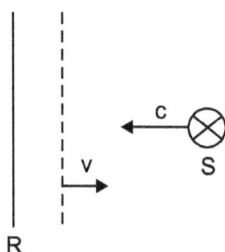

Fig. 5

Față de sursă și față de ecran lumina are viteza c. Considerăm că fluxul de energie al luminii emise este constant. În faza următoare a experienței deplasăm ecranul cu viteza constantă v înspre sursă și presupunem că viteza luminii față de R ar crește conform mecanicii clasice și ar fi $c + v = ac$, unde $a > 1$. Deoarece la propagarea luminii câmpul electric se transformă în câmp magnetic și acesta din nou în câmp electric, se poate calcula la fel ca mai sus sau se poate aplica relația (16), ținând seama că viteza c devine ac. Găsim că $E_1 = a^2E$, adică $E_1 > E$. La următorul ciclu de transformare obținem $E_2 > E_1$ și așa mai departe. Înseamnă că la fiecare ciclu de transformare intensitatea câmpului electric crește și, conform formulei (17), va crește energia undei electromagnetice. Numărul de cicluri succesive într-o secundă este foarte mare, fiind egal cu frecvența luminii. Aceasta înseamnă că energia recepționată de ecranul R crește continuu. Dar am menționat că sursa emite un flux constant de energie, iar recepționarea unui flux continuu crescător ar duce la contrazicerea unui principiu general al Naturii, principiul conservării energiei. Astfel, ipoteza că viteza luminii (în vid) față de ecranul R ar putea crește peste c este greșită, pentru că ar contrazice principiul conservării energiei.

Acum să presupunem că îndepărtăm ecranul R față de sursă tot cu o viteză constantă v și că viteza luminii față de ecran ar fi (tot conform mecanicii clasice) $c - v = bc$, unde $b < 1$. Calculând la fel, pentru primul ciclu de transformare găsim că $E_1 = b^2E$ și deci $E_1 < E$, apoi $E_2 < E_1$ și așa mai departe. Aceasta ar însemna că energia recepționată scade continuu, contrazicând și în acest caz principiul conservării energiei. Rezultă că ipoteza conform căreia viteza luminii în vid ar fi mai mică decât *c* este greşită. Am demonstrat astfel că viteza luminii în vid este *c* indiferent de variaţia distanţei dintre sursă şi observator, adică indiferent de mişcarea sursei sau a observatorului. În acest scop am utilizat principiul conservării energiei. Deoarece undele electromagnetice sunt un flux de energie, este necesar ca în propagarea lor să fie respectat principiul conservării energiei.

Astfel, cel de-al doilea postulat al lui Einstein devine o lege a fizicii pe care o putem formula astfel: ca urmare a conservării energiei, viteza luminii în vid este constantă faţă de orice sistem de referinţă inerţial şi nu depinde de mişcarea sursei de lumină sau a observatorului.

Să vedem însă care sunt fenomenele fizice care duc la menţinerea constantă a vitezei luminii în vid. Deoarece lumina este constituită din câmp electric şi câmp magnetic, trebuie să vedem modul de generare şi de propagare al acestor câmpuri. Conform legilor electrodinamicii, la creşterea câmpului electric într-o zonă din spaţiu, în aceeaşi zonă apare un câmp magnetic circular al cărui sens este dat de regula burghiului. Dacă intensitatea câmpului electrc scade, câmpul magnetic este tot circular, dar sensul său este invers.

Să considerăm că o sarcină electrică pozitivă şi punctiformă Q (Fig. 6) se deplasează cu viteza constantă v faţă de un observator fix. Deoarece sarcina se deplasează spre dreapta, pentru observator, în spaţiul din dreapta sarcinii intensitatea câmpului electric crește, iar în spațiul din stânga sarcinii intensitatea câmpului electric scade. Datorită variației câmpului electric, apare câmpul magnetic circular, care, după cum se știe, este $H = Qv/4\pi r^2$. Direcția de măsurare a câmpului H este perpendiculară pe viteza v, iar distanța de la sarcină la punctul de măsurare este r.

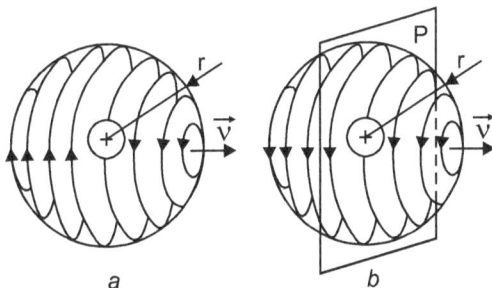

Fig. 6 a și b

Dacă materia care constituie câmpul magnetic s-ar deplasa cu aceeași viteză v ca și sarcina Q, ar trebui, conform legilor electrodinamicii, ca, în partea stângă față de sarcină, câmpul magnetic să aibă sens invers față de partea dreaptă, ca în Fig. 6a. În ansamblu, fluxul magnetic total ar fi zero. În cazul unui curent electric, acesta fiind constituit din sarcini electrice punctiforme, câmpul magnetic total ar fi zero. Dar în realitate nu este așa. Câmpul magnetic al sarcinii Q care se deplasează cu viteza v are același sens și în partea dreaptă și în partea stângă, așa cum se poate vedea în Fig. 6b. Explicația acestui fapt nu poate fi decât una singură: materia care constituie câmpul magnetic cu sens antiorar, generat prin creșterea câmpului electric în partea anterioară (dreapta) se deplasează cu o viteză mai mică decât sarcina Q. Va rămâne deci în urma sarcinii Q. Peste acest câmp cu sens antiorar se suprapune câmpul magnetic generat în partea stângă, care, datorită scăderii câmpului electric, va avea sens orar. Aşadar, în partea stângă cele două câmpuri se însumează. Rezultatul este că în partea stângă câmpul magnetic are acelaşi sens ca în partea dreaptă, numai că în partea dreaptă câmpul magnetic este crescător, iar în partea stângă este descrescător.

Astfel, deşi câmpul magnetic se deplasează odată cu sarcina Q, materia care îl constituie are o viteză mai mică decât sarcina Q. În partea anterioară (dreaptă) a sarcinii Q câmpul magnetic este generat, iar în partea stângă, prin generarea unui câmp de sens contrar, intensitatea (totală) a câmpului magnetic scade şi acesta dispare.

Am spus că viteza de deplasare (pe direcţia vitezei v) a materiei câmpului magnetic este mai mică decât viteza v a sarcinii Q.

Ne punem problema cât de mică este această viteză în comparaţie cu v. Pentru aceasta, ducem un plan P vertical care trece prin Q şi este perpendicular pe v. Din formula dată mai înainte, rezultă că în punctele simetrice faţă de P câmpul magnetic are valori egale. Deoarece câmpul electric este simetric faţă de planul P, în punctele simetrice situate în dreapta, respectiv în stânga planului P, sunt generate cantităţi egale de materie care constituie câmpuri magnetice, dar cu sens antiorar în dreapta şi cu sens orar în stânga. În cazul când materia câmpului magnetic generat în partea dreaptă ar avea o viteză cât de mică în sensul vitezei sarcinii Q, câmpul magnetic cu sens antiorar s-ar acumula în dreapta, iar cel cu sens orar în stânga planului P. În acest caz, în stânga planului nu ar mai exista un echilibru dinamic între câmpul magnetic generat și cel anulat. Ar rezulta atunci valori diferite ale câmpului magnetic în punctele simetrice față de planul P, fapt care nu se întâmplă.

De aceea putem afirma că, la deplasarea sarcinii electrice cu viteza v față de un referențial, câmpul său magnetic se deplasează împreună cu sarcina, dar materia care constituie câmpul magnetic are *viteza zero* față de acel referențial. Câmpul magnetic se deplasează prin generarea sa în partea anterioară a sarcinii și anularea sa în partea posterioară, așa cum am arătat.

Mișcarea câmpului magnetic și a materiei câmpului magnetic o putem asemăna cu mișcarea undelor transversale într-o coardă sau cu mișcarea undelor pe suprafața apei. Deplasarea undelor se poate observa ușor, dar materia undelor (moleculele coardei sau moleculele apei) nu se deplasează odată cu undele. Moleculele execută numai mișcări oscilatorii, având viteza medie de deplasare egală cu zero.

Revenind la sarcina Q, conform principiului relativității mișcării din mecanica clasică, putem considera că sarcina Q stă fixă și se mișcă observatorul împreună cu sistemul său inerțial propriu. Și în acest caz materia câmpului magnetic va avea viteza zero față de observator (și referențialul propriu al acestuia), adică se va deplasa împreună cu acesta.

Să considerăm acum că sarcina Q are viteza constantă v față de un sistem fix și un sistem inerțial mobil are o viteză constantă v_o față de sistemul fix, pe aceeași direcție cu v, dar în sens contrar. Viteza sarcinii Q față de sistemul mobil este: $u = v + v_o$. Câmpul magnetic al sarcinii Q față de sistemul mobil, măsurat pe o direcție perpendiculară pe u este: $H_u = Qu/4\pi r^2 = Q(v+v_o)/4\pi r^2 = Qv/4\pi r^2 + Qv_o/4\pi r^2$. Pe primul termen al acestei sume îl notăm cu H_v și reprezintă câmpul magnetic datorat mișcării sarcinii față de sistemul fix, iar pe al doilea termen îl notăm cu H_{vo} și este câmpul magnetic datorat mișcării sistemului mobil față de sistemul fix. Rezultă: $H_u = H_v + H_{vo.}$

Observăm că sensul câmpului H_{vo} este același cu sensul câmpului H_v și, ceea ce este important, intensitatea câmpului H_{vo} nu depinde de mișcarea sarcinii (a câmpului său electric) față de sistemul fix, ci depinde numai de viteza sistemului mobil față de sistemul fix. Conform celor arătate mai înainte, câmpul H_{vo} se deplasează împreună cu câmpul electric, dar materia câmpului H_{vo} are viteza zero față de sistemul mobil, adică se deplasează împreună cu sistemul mobil. Dacă mișcarea se face în vid, formula de mai sus se poate scrie așa:

$$\mu_o H_u = \mu_o H_v + \mu_o H_{vo} \text{ sau}$$
$$B_u = B_v + B_{vo} \qquad (18), \text{ unde:}$$

μ_o este permeabilitatea magnetică a vidului;

B este inducția câmpului magnetic corespunzătoare fiecărui câmp magnetic menționat.

Dacă v_o are același sens cu v, dar $v_o <$ v, atunci viteza sarcinii față de sistemul mobil este: $u =$ v $- v_o$ și $H_u = H_v - H_{vo}$. În acest caz sensul câmpului H_{vo} este contrar sensului câmpului H_v, dar și în acest caz viteza materiei câmpului H_{vo} este nulă față de sistemul mobil. Înmulțind la fel cu permeabilitatea magnetică a vidului, obținem inducția câmpului magnetic.

$$B_u = B_v - B_{vo} \qquad\qquad (19)$$

Menționăm încă o dată că măsurarea câmpurilor magnetice generate de câmpul electric al sarcinii Q se face pe o direcție perpendiculară pe viteza v a sarcinii Q. De asemenea, menționăm că, în toate cazurile, câmpurile magnetice și câmpurile inducției magnetice sunt vectori, iar însumarea lor se face după regulile de însumare a vectorilor.

Să ne concentrăm acum atenția aspra generării câmpurilor electrice și magnetice în cazul propagării undelor electromagnetice. După cum se știe, câmpul electromagnetic sau unda electromagnetică este constituită din două câmpuri, unul electric și altul magnetic, perpendiculare între ele și care se propagă cu viteza c. (Fig. 7). Sensul de propagare se poate determina rotind imaginar vectorul câmpului electric E cu un unghi mai mic decât π astfel încât acesta să se suprapună peste vectorul câmpului inducției magnetice B. Sensul de înaintare al unui burghiu rotit astfel este sensul de propagare al undei electromagnetice.

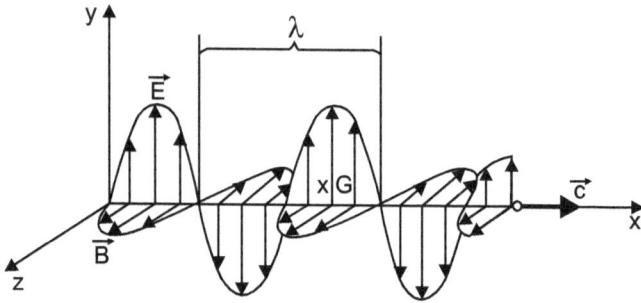

Fig. 7

Înaintarea în spațiu a undei electromagnetice se face prin transformarea continuă a câmpului electric în câmp magnetic, a acestuia din nou în câmp electric și așa mai departe. La fiecare transformare a câmpului electric, câmpul magnetic rezultat ocupă o poziție mai avansată pe direcția c, apoi la transformarea câmpului magnetic și câmpul electric rezultat ocupă o poziție mai avansată pe direcția c. Astfel, cele două câmpuri înaintează continuu, în fază.

Prin aceste transformări succesive, odată cu câmpul electromagnetic, înaintează și materia din care acesta este constituit, pentru că materia se transformă continuu dintr-o formă în alta și nu este generată și apoi anihilată ca în cazul câmpului magnetic al unei sarcini electrice în mișcare. Mai este de remarcat că, spre deosebire de câmpul magnetic generat prin deplasarea unei sarcini electrice, în cazul undei electromagnetice liniile de forță sunt drepte paralele atât la câmpul electric, cât și la cel magnetic, iar deplasarea are loc pe o direcție perpendiculară pe ambele câmpuri.

Să considerăm că unda electromagnetică din Fig. 7 este emisă de o sursă S fixă și recepționată de un ecran R de asemenea fix, sursa și ecranul fiind plasate în vid. Conform celor arătate mai înainte, viteza undei față de sursă și față de ecranul R este c, sau putem spune că viteza fotonilor emiși de sursă este c având în vedere dualitatea undă-corpuscul. (În cazul când scriem simbolul unui vector fără săgeata plasată deasupra acestuia, înțelegem ca este vorba de modulul vectorului respectiv.)

Presupunem acum că ecranului R i se imprimă față de sistemul fix o viteză constantă $v_0 = cd$ înspre sursa S, unde $d < 1$. Prin deplasarea ecranului R în sens contrar vitezei c a câmpului E, rezultă un câmp de inducție magnetică B_{vo} care se suprapune peste câmpul B. Dar viteza materiei câmpului B_{vo} este zero față de ecranul R, așa cum am arătat mai înainte. La fel, datorită mișcării ecranului R, câmpul B generează un câmp electric E_{vo} care se suprapune peste E, dar și viteza materiei câmpului E_{vo} este zero față de ecranul R. În acest caz, pentru obținerea valorii câmpurilor rezultante, este aplicabilă formula (18). Rezultă:

$$B_u = B + B_{vo} \quad \text{și}$$
$$E_u = E + E_{vo}$$

Vom nota cu γ fotonul emis de S, care are viteza c față de sistemul fix al sursei S. Câmpurile E_{vo} și B_{vo} constituie împreună un foton suplimentar γ_s care se suprapune peste fotonul γ și, după cum se vede din formulele de mai sus, câmpurile celor doi fotoni au același sens. Dar deoarece viteza materiei câmpurilor E_{vo} și B_{vo} față de R este zero, și viteza fotonului γ_s față de R va fi zero. Notăm cu m_γ masa fotonului γ în sistemul propriu al sursei S. Pentru că mărimea câmpurilor electrice și magnetice generate este proporțională cu viteza față de sistemul fix, masa fotonului γ_s față de referențialul ecranului R va fi:

$$m_{\gamma s} = m_\gamma (v_o / c) = m_\gamma (cd / c) = m_\gamma d.$$

Masa fotonului rezultat prin însumarea celor doi fotoni (față de referențialul ecranului R) va fi:

$$m_{\gamma u} = m_\gamma + m_{\gamma s} = m_\gamma (1 + d).$$

Constatăm deci că masa fotonului emis de sursa S este mai mare în referențialul ecranului R și mai mică în referențialul sursei S.

Pentru a calcula viteza fotonului rezultant $v_{\gamma u}$ față de R, însumăm impulsurile fotonilor componenți (conform legii impulsului). Trebuie să ținem seama că viteza fotonului γ față de R este $c + v_o = c + cd$, iar viteza fotonului γ_s față de R este zero.

$$m_{\gamma u} v_{\gamma u} = m_\gamma (c + cd) + m_{\gamma s} \times 0.$$ Pentru că $m_{\gamma u} = m_\gamma (1 + d)$,

rezultă:

$$v_{\gamma u} = [m_\gamma c(1+d)] / [m_\gamma (1+d)] = c.$$

Acum să considerăm că ecranul R se îndepărtează de sursa S cu aceeași viteză constantă v_o. În acest caz este aplicabilă formula (19) și rezultă:

$B_u = B - B_{vo}$ și
$E_u = E - E_{vo}$

Observăm că de data aceasta câmpurile E_{vo} și B_{vo} generate prin îndepărtarea de sursă a ecranului R au sens contrar câmpurilor E, respectiv B. Și în acest caz însă aceste câmpuri se vor suprapune peste câmpurile E, respectiv B și materia lor va avea viteza zero față de R. Fotonul suplimentar γ_s format de câmpurile E_{vo} și B_{vo} are, ca și în cazul precedent, masa $m_{\gamma s} = m_\gamma d$, dar deoarece câmpurile sale au sens contrar câmpurilor E și B, masa fotonului rezultant va fi: $m_{\gamma u} = m_\gamma - m_\gamma d = m_\gamma(1\text{-}d)$. Constatăm că în acest caz masa fotonului este mai mică în referențialul ecranului R și mai mare în referențialul sursei S.

Pentru a afla viteza fotonului rezultant $v_{\gamma u}$ însumăm și aici impulsurile ținând seama că viteza fotonului γ față de ecranul R este $c - v_o = c - cd$, iar viteza fotonului γ_s față de R este zero. $m_{\gamma u}v_{\gamma u} = m_\gamma(c - cd) + m_{\gamma s}\text{x}0$.

$v_{\gamma u} = [m_\gamma c(1 - d)] / [m_\gamma(1 - d)] = c$.

Deci, fie că ecranul R se apropie cu o viteză constantă de sursa de lumină, fie că se îndepărtează cu o viteză constantă, viteza luminii față de ecran rămâne egală cu c.

Am demonstrat astfel, de această dată utilizând legile generării câmpurilor electrice și magnetice și legea impulsului, că viteza luminii față de un observator este constantă și nu depinde de starea de mișcare sau de repaus a observatorului sau a sursei de lumină. Subliniem că fenomenul poate fi explicat folosind numai legile fizicii clasice, fără a mai lua în considerare sau a face vreo ipoteză privind contracția lungimii sau dilatarea timpului.

După cum am arătat, câmpurile electrice și magnetice generate ca urmare a mișcării ecranului sau sursei de lumină duc la modificarea masei fotonilor emiși de sursă. Această modificare a masei față de ecran (sau observator) duce la menținerea vitezei constante față de acesta. Menționăm că modificarea masei fotonului în funcție de viteza sistemului de referință este susținută de teoria corpusculară a luminii elaborată de Einstein plecând de la cercetările lui Max Planck.

Vom face acum încă o observație asupra cercetărilor privind viteza luminii. La sfârșitul secolului al XIX-lea, când s-a pus problema vitezei câmpului electromagnetic, fizicienii se așteptau ca oscilațiile câmpului electromagnetic să se propage într-un mod asemănător oscilațiilor materiei sub formă de substanță (oscilații în corpuri elastice sau în fluide). Dar materia sub formă de câmp are unele caracteristici diferite de materia sub formă de substanță. Astfel, substanța există pentru un observator fie că acesta este în repaus, fie că este în mișcare, pe când materia sub formă de câmp magnetic de exemplu există numai dacă observatorul și câmpul electric generator (sarcina electrică) sunt în mişcare relativă (unul faţă de altul). Chiar şi în acest caz mărimea câmpului magnetic este variabilă în funcţie de viteza relativă a sarcinii faţă de observator.

Din aceste motive, fizicienii au fost surprinşi de rezultatele experienţei lui Michelson privind viteza luminii. Explicaţia corectă a modului de propagare al câmpului electromagnetic este posibilă numai ţinând seama de caracteristicile specifice ale materiei sub formă de câmp electromagnetic, după cum am arătat mai înainte.

6. MODIFICĂRI ALE MATERIEI DATORITĂ MIȘCĂRII

6.1. Modificarea fotonilor datorită mișcării

Să considerăm că o sursă de lumină fixă S plasată în vid emite o undă luminoasă s către un ecran R de asemenea fix și plasat în vid (Fig. 8). În faza I (Fig. 8.1) pentru unda s între viteza luminii, lungimea de undă și frecvența sa există relația cunoscută: $c = \lambda_1 v_1$.

În faza a II-a (Fig. 8.2) sursa S se îndepărtează de ecranul R cu viteza rectilinie și uniformă $v_o = cd$, unde $d < 1$. Lungimea de undă față de ecranul R va fi λ_2. Conform legii lui Doppler, variația lungimii de undă datorită vitezei v_o este $\delta_i = \lambda_1 v_o / c$, iar lungimea de undă față de R este $\lambda_2 = \lambda_1 + \delta_i = \lambda_1 + \lambda_1 cd/c$ sau $\lambda_2 = \lambda_1(1 + d)$.

Frecvența față de R devine v_2. Pentru că $c = \lambda_1 v_1 = \lambda_2 v_2$, rezultă:

$$v_2 = c/\lambda_2 = c/\lambda_1(1 + d) = v_1/(1 + d) \text{ sau } v_2 = v_1/(1 + d).$$

Lângă sursa S considerăm că mai există o sursă de lumină S_f fixă față de R și care emite către R o undă electromagnetică s_f având lungimea și frecvența tot λ_2, respectiv ν_2.

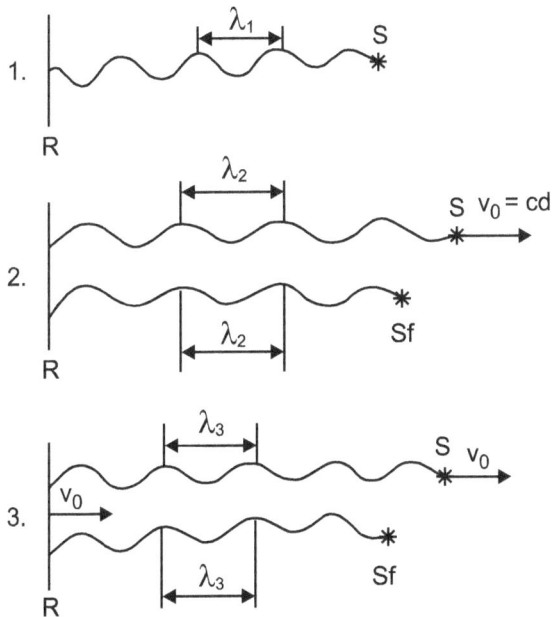

Fig. 8

În faza III-a (Fig. 8.3) considerăm că și R se deplasează cu viteza v_0 ca și sursa S. În acest caz lungimea de undă și frecvența undei emise de S și recepționate de R sunt λ_3, respectiv ν_3, dar pentru că între S și R nu mai există mișcare relativă (avem situația din faza I), $\lambda_3 = \lambda_1$ iar $\nu_3 = \nu_1$.

Deoarece în faza a II-a lungimile de undă și frecvențele recepționate de R de la ambele surse (S și S_f)

erau egale, ele sunt egale și în faza a III-a (conform legii lui Doppler).

Din ultimele trei egalități obținem: $\nu_2 = \nu_3/(1 + d)$ sau $\nu_3 = \nu_2(1 + d)$.

Această ultimă egalitate ne arată că atunci când ecranul R se apropie de sursa S_f cu viteza $\nu_0 = cd$ frecvența recepționată este egală cu frecvența pentru $\nu_0 = 0$ înmulțită cu $(1 + d)$.

În capitolul precedent am arătat că la mișcarea ecranului înspre sursa de lumină cu viteza rectilinie și constantă $\nu_0 = cd$, masa fotonilor față de ecran se modifică și devine:

$m_{\gamma u} = m_\gamma(1 + d)$, unde m_γ este masa fotonului pentru $\nu_0 = 0$.

Conform celor arătate mai înainte, în acest caz frecvența se modifică și devine:

$\nu_u = \nu(1 + d)$, unde ν este frecvența când $\nu_0 = 0$.

După cum se știe, energia fotonului se poate calcula în funcție de masă ori în funcție de frecvență, adică:

$W = m_\gamma c^2 = \nu h$, unde h este constanta lui Planck. Dacă $\nu_0 = cd$, energia fotonului ar trebui să fie:

$W_u = m_{\gamma u}c^2 = \nu_u h$ sau, exprimând masa și frecvența ca mai sus, în funcție de $(1 + d)$ ar trebui să avem egalitatea:

$$W_u = m_\gamma(1 + d)c^2 = \nu(1 + d)h.$$

Ultima egalitate este evident adevărată, pentru că poate fi obținută din egalitatea anterioară, $m_\gamma c^2 = \nu h$, prin înmulțirea cu $(1 + d)$.

La fel se poate demonstra că, la mișcarea de îndepărtare a ecranului de sursă cu viteza rectilinie și uniformă $v_0 = cd$, frecvența devine $\nu_u = \nu(1 - d)$.

După cum am arătat în capitolul precedent, în acest caz masa fotonului devine $m_{\gamma u} = m_\gamma(1 - d)$.

Și în acest caz energia fotonului calculată folosind masa este egală cu energia calculată folosind frecvența.

Putem spune astfel că masa fotonului $m_{\gamma u}$ calculată în capitolul precedent este corectă. Aceste calcule arată că demonstrația din capitolul precedent privind variația masei fotonului datorată generării unor câmpuri electrice și magnetice ca urmare a mișcării este, de asemenea, corectă.

Mai observăm că, prin mișcarea sursei de lumină sau a observatorului, electronul își modifică masa și frecvența, adică se transformă. Vom numi acest fenomen *transformare cinetică*. Această transformare cinetică face inaplicabilă formula de compunere a vitezelor din mecanica clasică în cazul fotonilor, adică în cazul propagării luminii. Acesta este motivul pentru care în cazul propagării luminii, la compunerea vitezelor este necesară aplicarea formulei de compunere relativistă, și nu contracția spațiului și dilatarea timpului.

6.2. Modificarea corpurilor alcătuite din substanţă datorită mişcării

Să vedem acum ce se întâmplă cu un corp (obiect) constituit din substanţă, la mişcarea în două sisteme inerţiale în acelaşi timp. Considerăm că avem două sisteme inerţiale de referinţă ca într-un caz anterior, adică sistemul SI fix şi sistemul $S'I'$ mobil. Un corp cu masa de repaus m_0 se deplasează cu viteza constantă v' faţă de $S'I'$. La rândul său $S'I'$ se deplasează cu viteza v faţă de SI. Vitezele v şi v' sunt paralele între ele şi paralele cu axele Ox şi $O'x'$.

Conform relaţiei (10) care stabileşte legătura între viteza şi masa unui corp, în sistemul $S'I'$ masa corpului este: $m' = m_0 / \sqrt{1 - v'^2/c^2}$. Se vede că $m' > m_0$ datorită valorii subunitare a radicalului. Masa adăugată datorită vitezei v', pe care o vom numi *masă suplimentară*, este $\Delta m' = m' - m_0 - m_0 (1/\sqrt{1 - v'^2/c^2} - 1)$. Această relaţie se mai poate scrie:

$$m' = m_0 + \Delta m' \qquad (20)$$

Faţă de sistemul SI viteza corpului o notăm cu u şi se poate calcula cu formula relativistă de compunere a vitezelor (9). Apoi calculăm masa în sistemul SI cu aceeaşi formulă ca mai sus: $m = m_0 / \sqrt{1 - u^2/c^2}$. Pentru că $u > v'$ vom obţine $m > m'$. Putem scrie ca şi în formula (20) că $m = m_0 + \Delta m$. Deoarece $m > m'$, rezultă că $\Delta m > \Delta m'$.

Observăm că, datorită mişcării cu viteze diferite, în fiecare sistem de referinţă se adaugă câte o masă suplimentară diferită, $\Delta m'$, respectiv Δm. Masa de repaus m_0 plus masa suplimentară formează masa de mișcare. Masa reprezintă caracteristica principală a unui corp. Există corpuri care nu au formă proprie (lichide) sau nu au formă și volum proprii (gaze), dar orice corp are propria sa masă. Observăm deci că în cele două sisteme inerțiale se mișcă obiecte diferite, pentru că acestea au mase diferite.

Teoria actuală a relativității (a lui Einstein) consideră că prin mișcarea corpului cu masa de repaus m_0 între două puncte aparținând ambelor sisteme (*SI și S'I*) are loc un singur proces. Această considerație nu este corectă. Conform celor arătate mai sus, în cele două sisteme inerțiale nu se mișcă același obiect, ci două obiecte diferite, pentru că au mase diferite. De aceea, prin mișcarea corpului cu masa de repaus m_0, în fiecare sistem inerțial se desfășoară procese diferite.

Aceste procese nu sunt însă independente, ci legate între ele. Le vom spune *procese conjugate*. Legătura dintre ele este aceea că se desfășoară (se mișcă) între aceleași puncte și la ambele procese participă aceeași masă de repaus m_0. Diferența constă în aceea că masele de miș care sunt diferite. Tot două procese diferite, dar legate între ele (conjugate) au loc și în cazul propagării luminii în sistemele inerțiale *SI* și *S'I'* care se deplasează unul față de altul cu viteza v. Am arătat că, și în acest caz, obiectele care se mișcă (fotonii) nu sunt aceleași în ambele sisteme, din cauza transformării lor (transformare cinetică).

Acum putem explica altfel relația între duratele desfășurării proceselor în cele două sisteme inerțiale:

$\Delta t \sqrt{1 - v^2 / c^2} = \Delta t'$, unde: Δt este durata desfăşurării procesului (mişcării) în SI, iar $\Delta t'$ este durata desfăşurării procesului (mişcării) în ST.

Deoarece procesele sunt legate (conjugate), este normal să existe o relaţie între duratele acestora. Dar această relaţie nu mai poate semnifica o dilatare a timpului, pentru că procesele sunt diferite şi duratele lor pot fi diferite. Putem astfel înţelege de ce experienţele care au vizat fenomenul de „dilatare a duratei" (timpului) au dat rezultate negative.

Astfel, atât din punct de vedere teoretic, cât şi ca urmare a experienţelor efectuate, *relativitatea timpului* nu mai poate fi susţinută.

Să vedem acum situaţia formulei aşa-numitei contracţii a lungimii $\Delta l = \Delta l' \sqrt{1 - v^2 / c^2}$.

Această relaţie este obţinută pornind de la transformările lui Lorentz şi introducând în calcul intervalul de timp relativist cu proprietatea sa de „a se dilata". Dar pentru că această „dilatare" nu mai poate fi susţinută, rezultă că nici contracţia lungimii nu mai poate fi demonstrată.

Se poate spune deci şi în acest caz că, atât din punct de vedere teoretic, cât şi ca urmare a observaţiilor efectuate, *relativitatea spaţiului* nu mai poate fi susţinută.

6.3. Problema vitezei maxime posibile

Am arătat la cap. 2.5 că dacă relaţia $\Delta t \sqrt{1 - v^2 / c^2} = \Delta t'$ reprezintă duratele aceluiaşi proces, teoretic nu este posibilă depăşirea vitezei luminii. În subcapitolul

precedent am văzut însă că, în cele două sisteme iner-
țiale SI și ST', la mișcarea unui obiect au loc procese
diferite, iar relația de mai sus reprezintă legătura dintre
duratele lor. În cazul acesta, când $v > c$, numărul ima-
ginar care rezultă din relație nu mai arată imposibilitatea
proceselor, ci faptul că relația dintre duratele acestora
nu mai este valabilă. De aceea nu mai este valabilă nici
interdicția depășirii vitezei luminii care ar rezulta din
această relație. Am arătat la cap. 4 că, în cadrul unui
experiment, s-a reușit depășirea vitezei luminii (c) tot
de către lumină.

Există însă în teoria relativității două formule care
arată că în anumite cazuri atingerea sau depășirea vite-
zei luminii nu este posibilă. Una dintre acestea este
formula de compunere relativistă a vitezelor (9).

$$u = \frac{v' + v}{1 + \dfrac{v'v}{c^2}}$$

În cazul când v și v' sunt mai mici decât c, situație
întâlnită în mod obișnuit la mișcarea materiei consti-
tuită din substanță, rezultă $u < c$. În acest caz formula
arată că nu se poate atinge viteza luminii. Dacă una sau
ambele componente sunt egale cu c, situație întâlnită la
propagarea luminii, rezultă $u = c$. În acest caz formula
arată că nu se poate depăși viteza luminii în vid, (c). În
ambele situații formula interzice atingerea ori depășirea
limitei c de către *o masă de mișcare, numai prin compunerea
vitezelor.*

Mai există încă o fomulă în teoria relativității care arată că nu este posibilă atingerea vitezei c de către materia sub formă de substanță. Aceasta este chiar formula legii a doua a mecanicii, care, în teoria relativității, se scrie astfel:

$$\vec{F} = \frac{d}{dt}\left(\frac{m_o}{\sqrt{1 - v^2 / c^2}} \vec{v} \right) \qquad (21)$$

unde $\vec{F}$ este forța care acționează asupra masei de mișcare $m_o / \sqrt{1 - v^2 / c^2}$. Se vede din această formulă că dacă, datorită forței $\vec{F}$, viteza crește tinzând spre c, atunci și masa de mișcare tinde spre infinit. Dar cu o forță finită și într-un interval de timp finit nu putem accelera o masă infinită. Astfel, atingerea vitezei c de către o *masă de mișcare* constituită din substanță nu este posibilă.

7. VITEZA COMPONENTELOR
MASEI DE MIȘCARE

Am arătat că, datorită mișcării, masa materiei crește. Din această cauză, când materia este în repaus, are masa minimă numită masă de repaus și notată cu m_o. Pentru o viteză oarecare v, masa materiei m, căreia i se spune masă de mișcare, se poate calcula cu cu formula (10). Diferența dintre masa de mișcare și masa de repaus o vom numi (în mod convențional) *masă suplimetară* și o vom nota cu Δm. Rezultă că $m = m_o + \Delta m$.

În actuala teorie a relativității se consideră că masele m_o și Δm au aceeași viteză cu masa m, și atunci impulsul relativist este:

$$m\vec{v} = m_0\vec{v} + \Delta m\vec{v}$$

La fel, energia cinetică relativistă a masei m, energie pe care o vom nota cu T, este suma energiilor cinetice ale maselor m_o și Δm:

$$T = \Delta m c^2 = T m_0 + T \Delta m, \qquad\qquad \text{unde:}$$

$\Delta m c^2$ este energia cinetică a masei m – după formula (11);

$T m_0$ este energia cinetică a masei m_0.

$T \Delta m$ este energia cinetică a masei Δm.

Știm că energia cinetică este egală cu un coeficient înmulțit cu masa și cu pătratul vitezei. Pentru masa m_0 coeficientul este ½, pentru că energia cinetică în mecanica clasică este energia cinetică a masei de repaus. Pentru Δm, vom determina acest coeficient notat cu k, în ipoteza că viteza masei de repaus este egală cu viteza masei suplimentare. Atunci putem scrie: $\Delta m c^2 = 0,5 m_0 v^2 + k \Delta m v^2$.

Considerăm un caz particular cu $m_0 = 1$ kg și v = $0,2c$. Calculăm Δm după formula $\Delta m = (m_0 / \sqrt{1 - v^2 / c^2}) - m_0$. După efectuarea calculelor găsim $k = 0,728$. Pentru aceeași valoare a masei m_0 și v = $0,99c$, calculând la fel, găsim $k = 0,938$.

Deoarece k s-a modificat, ar însemna că energia cinetică ar fi o funcție de trei variabile: masa, viteza și o altă variabilă k, ceea ce este puțin probabil. Cauza modificării coeficientului k poate fi aceea că viteza masei Δm este diferită de viteza masei m_0. În acest caz impulsul relativist se va scrie astfel: $m\vec{v} = m_0 \vec{v}_{mo} + \Delta m \vec{v}_{\Delta m}$, unde $\vec{v}_{mo}$ este viteza masei m_0 și $\vec{v}_{\Delta m}$ este *viteza materiei masei* Δm sau *viteza materiei suplimentare* Δm. Pe aceasta din urmă o definim prin formula: $\vec{v}_{\Delta m} = (\Sigma \Delta m_i \vec{v}_i)/(\Sigma \Delta m_i)$, adică făcând suma impulsurilor elementelor de materie suplimentară Δm_i și împărțind-o la suma maselor acestor elemente. Vom explica ulterior de ce am introdus noțiunea de „viteză a materiei suplimentare".

Masele m_o și Δm alcătuiesc un sistem. În acest caz, conform celor cunoscute din mecanica clasică, $\vec{v}$ este viteza centrului de greutate al sistemului compus din masele m_o și Δm, deci este *viteza masei de mișcare m*. Deoarece vitezele au aceeași direcție și același sens, putem scrie egalitatea de mai sus astfel:

$$m\mathrm{v} = m_o\mathrm{v}_{mo} + \Delta m\mathrm{v}_{\Delta m} \qquad (22)$$

Este ecuația componentelor impulsului relativist. Se poate observa ușor că viteza v are o valoare intermediară între v_{mo} și $\mathrm{v}_{\Delta m.}$

Să scriem acum ecuația energiei ținând seama de vitezele diferite ale maselor m_o și Δm, adică: $\Delta mc^2 = 0{,}5m_o\mathrm{v}_{mo}^2 + k\Delta m\mathrm{v}_{\Delta m}^2$. Pentru a stabili valoarea coeficientului k să scriem ecuația pentru un foton. Viteza fotonului în vid este c, masa de mișcare m_γ, masa de repaus $m_{o\gamma} = 0$ și deci masa suplimentară este $\Delta m_\gamma = m_\gamma$. Atunci putem scrie: $m_\gamma c^2 = 0{,}5 \times 0 \times \mathrm{v}_{mo\gamma}^2 + km_\gamma c^2$. Rezultă $k = 1$. În cazul general, pentru masele m, m_o și Δm rezultă:

$$\Delta mc^2 = 0{,}5m_o\mathrm{v}_{mo}^2 + \Delta m\mathrm{v}_{\Delta m}^2 \qquad (23)$$

Aceasta este ecuația componentelor energiei cinetice relativiste. Pentru un corp care se deplasează cu o viteză v << c, $\Delta m \approx 0$ (aproximativ egală cu zero), deci $\Delta m\mathrm{v}_{\Delta m}^2 \approx 0$ și atunci energia cinetică $T \approx 0{,}5m_o\mathrm{v}_{mo}^2$

formulă cunoscută din mecanica clasică. Ecuațiile (23) și (22) pot alcătui următorul sistem:

$$\begin{cases} \Delta m v_{\Delta m}^2 + 0{,}5m_0 v_{mo}^2 - \Delta m c^2 = 0 \\ \Delta m v_{\Delta m} + m_0 v_{mo} - m v = 0 \end{cases} \qquad (24)$$

Cu ajutorul acestui sistem putem determina viteza masei de repaus v_{mo} și viteza masei (materiei) suplimentare $v_{\Delta m}$ atunci când sunt date m_0 și viteza masei de mișcare v.

Să luăm un exemplu considerând că un corp cu masa de repaus m_0 = 1 kg se deplasează cu o viteză rectilinie și uniformă, obținută prin acțiunea unei forțe asupra masei conform relației (21). Masa de mișcare este notată cu m, are viteza v = 0,2c. Cu formula (10), în care v este viteza masei de mișcare, calculăm m și apoi Δm. Găsim că m = 1,0206 kg și Δm = 0, 0206 kg.

Din ecuația de gradul întâi a sistemului obținem:

$$v_{mo} = (m v - \Delta m v_{\Delta m}) / m_0. \qquad (25)$$

Ridicăm la pătrat și înlocuim v_{mo} în ecuația de gradul doi. Obținem:

$$(2m_0 \Delta m + \Delta m^2) v_{\Delta m}^2 - 2m v \Delta m v_{\Delta m} + m^2 v^2 - 2m_0 \Delta m c^2 = 0 \qquad (26)$$

Înlocuim în această ecuație valorile numerice de mai sus. Obținem:

$(2 \times 1 \times 0,0206 + 0,0206^2) v_{\Delta m}{}^2 - 2 \times 1,0206 \times 0,2 c \times$

$0,0206 v_{\Delta m} + 1,0206^2 \times 0,2^2 c^2 - 2 \times 1 \times 0,0206 c^2 = 0.$

După efectuarea calculului obținem: $v_{\Delta m} = (0,0084 c + c\sqrt{0,000004})/0,0832$ (și cealaltă rădăcină cu minus în fața radicalului). Am utilizat în calcule patru zecimale.

Observăm că sub radical avem un număr pozitiv foarte mic. Reluăm calculul utilizând de data aceasta 5 zecimale. Obținem: $v_{\Delta m} = (0,0084 c + c\sqrt{-0,0000058})/0,08324.$

Sub radical apare acum un număr negativ, de asemenea foarte mic. Acest fapt se datorează coeficienților ecuației de gradul doi, care sunt numere rezultate din extrageri de rădăcini și împărțiri, adică numere cu foarte multe zecimale (fracții periodice sau numere iraționale). Din această cauză discriminantul ecuației $(b^2 - 4ac)$ nu rezultă egal cu zero, așa cum considerăm că ar trebui să fie. Noi îl vom lua egal cu zero și atunci:

$v_{\Delta m} \approx 0,101 c$. Din ecuația (25) rezultă:

$v_{mo} = 1,0206 \times 0,2 c - 0,0206 \times 0,101 c \approx 0,202 c.$

Se vede că $v_{\Delta m} < v < v_{mo}$ adică viteza masei suplimentare Δm este mai mică decât viteza masei de mișcare m, care la rândul ei, este mai mică decât viteza masei de repaus m_o.

Să luăm un al doilea exemplu, considerând că viteza masei de mișcare, obținută la fel ca în cazul precedent, este $v = 0,5 c$, iar masa de repaus tot $m_o = 1$ kg. Calculăm la fel și găsim că $m = 1,1547$ kg și $\Delta m = 0,1547$ kg.

După rezolvarea ecuației, așa cum am procedat și la primul exemplu, obținem: $v_{\Delta m} = (0,1786 + \sqrt{-0,00001})$ $c/0,6666$ (și cealaltă rădăcină cu minus în fața radicalului). Vom lua și aici discriminantul egal cu zero, considerând că aproximațiile inevitabile în calcule fac ca sub radical să avem un număr diferit de zero, și atunci:

$$v_{\Delta m} = 0,2679c.$$

Din ecuația (25), la fel ca în exemplul precedent, obținem:

$$v_{mo} = 0,536c. \text{ Și în acest caz } v_{\Delta m} < v < v_{mo}.$$

Luăm al treilea exemplu, considerând că viteza masei de mișcare obținută la fel ca în cazurile precedente este $v = 0,8c$, iar masa de repaus este tot $m_o = 1$ kg. Calculăm la fel și găsim $m = 1,6667$ kg și $\Delta m = 0,6667$ kg. După rezolvarea sistemului de ecuații și având în vedere aceleași considerații privind discriminantul ecuației de gradul 2, găsim că:

$$v_{\Delta m} = 0,5c \text{ și } v_{mo} = c.$$

Facem observația că în toate cazurile am găsit că viteza masei de repaus este aproximativ egală cu dublul vitezei masei suplimentare:

$$v_{mo} \approx 2v_{\Delta m} \tag{27}$$

Vom reveni asupra acestei relații.

Pentru ca sistemul (24) să aibă o singură soluție și vitezele calculate să fie cât mai exacte, este necesară efectuarea calculelor cu precizie suficient mare astfel încât numărul de sub radical să fie considerat aproximativ egal cu zero.

Rezultatele obținute din calcule sunt surprinzătoare. Ceea ce surprinde în primul rând este că cele două componente ale masei de mișcare au viteze diferite între ele și diferite fața de masa de mișcare în ansamblul ei. Aceasta arată că masa de mișcare este un sistem cinetic. Se observă că viteza materiei masei suplimentare Δm este mai mică decât viteza sistemului cinetic (masei de mișcare), care, la rândul ei, este mai mică decât viteza masei de repaus m_0. Acum putem explica de ce am folosit noțiunea de „viteză a materiei suplimentare" Δm. Masa suplimentară însoțește masa de repaus m_0 așa cum câmpul magnetic însoțește o sarcină electrică în mișcare. Dar în mod asemănător materiei câmpului magnetic, care are viteză mai mică decât sarcina, și materia masei suplimentare are viteză mai mică decât masa m_0.

Putem defini deci la masa suplimentară o viteză a *materiei* sale și o viteză a *domeniului (spațiului) ocupat* de aceasta. Acest domeniu are viteza egală cu viteza masei m_0. Între viteza domeniului masei suplimentare și viteza materiei suplimentare este o relație asemănătoare ca între viteza câmpului magnetic al sarcinii și viteza materiei câmpului magnetic sau între viteza undelor în diferite substanțe și viteza materiei acestor unde, așa cum am arătat și în paginile precedente. Observăm că există deosebiri între mişcarea substanţei (masa m_0) şi mişcarea masei suplimentare ori a câmpului magnetic. La mişcarea substanţei domeniul ocupat de aceasta are aceeaşi viteză cu substanţa, pe când la masa suplimentară şi la câmpul magnetic viteza domeniului materiei este mai mare decât viteza materiei. Cauza acestei diferenţe este că la câmpul magnetic şi la masa suplimentară materia este generată şi apoi anihilată, ceea ce nu se întâmplă la masa sub formă de substanţă.

Revenind la rezultatele calculului, o altă surpriză este că la viteze mari ale masei de mişcare (dar totuşi mai mici decât c), viteza masei de repaus poate depăşi viteza luminii în vid. Rezultă că depăşirea vitezei luminii în vid este posibilă numai pentru masa de repaus, dar nu şi pentru masa de mişcare. Astfel, conceptul că viteza maximă posibilă este viteza luminii în vid trebuie revizuit. În dinamica relativistă ecuaţia fundamentală a dinamicii se scrie sub forma:

$$\vec{F} = \frac{d}{dt}\left(\frac{m_0}{\sqrt{1 - v^2/c^2}}\vec{v}\right)$$

unde $\vec{F}$ este forţa care acţionează asupra masei de mişcare.

Se vede din această ecuaţie că viteza v trebuie să fie mai mică decât c. Dacă viteza masei de repaus depăşeşte c, atunci v din formula de mai sus nu mai poate fi viteza masei de repaus (m_0), ci *viteza masei de mişcare* (sistemul $m_0 + \Delta m$), care va fi întotdeauna mai mică decât *c.* La fel și în formula masei de mișcare (10), viteza v *trebuie să fie viteza masei de mișcare m* și nu a masei de repaus m_0.

Pentru justificarea celor afirmate mai sus, se poate aduce încă un argument. Am arătat că, în vid, viteza fotonului, obiect cu masă de repaus zero, este *c* față de orice sistem de referință inerțial. În mod corespunzător, trebuie ca viteza masei de mișcare a unui obiect cu masă de repaus m_0 > 0 să fie mai mică decât *c* față de orice referențial. Să analizăm îndeplinirea acestei condiții relativiste în două cazuri, în funcție de viteza masei suplimentare Δm. Considerăm că un corp cu masă m_0 > 0 este fix împreună cu sistemul său inerțial propriu *SI*. Un sistem inerțal mobil *SI'* are viteza constantă v = *c* față de m_0. Masa corpului față de *SI'* este: *m'* = m_0 + Δm'. Să presupunem că viteza masei Δm' este aceeași ca a masei m_0. În acest caz viteza masei de mișcare *m'* față de *SI'* este tot *c*, iar condiția relativistă ca viteza masei de mișcare să fie mai mică decât *c* nu este îndeplinită. Dar în cazul când viteza masei Δm' față de *SI'* este mai mică decât a masei m_0, deci mai mică decât *c*, situația se schimbă. Am arătat mai înainte că, în acest caz, viteza masei de mișcare (aici *m'*) este cuprinsă între viteza *c* a masei m_0 și o altă viteză mai mică decât *c*, a masei Δm'. Deci în acest caz este îndeplinită condiția relativistă ca viteza masei de mișcare să fie mai mică decât *c*.

Să vedem însă care ar putea fi natura masei Δm. Se știe că materia se prezintă sub două forme principale: sub formă de substanță și sub formă de câmp. Materia sub formă de substanță are atât masă de repaus, cât și masă de mișcare. Materia sub formă de câmp poate avea masă de repaus și masă de mișcare, dar în unele cazuri are numai masă de mișcare, așa cum este cazul câmpului electromagnetic. Masa Δm este constituită probabil din câmp (desigur, nu câmp electromagnetic) generat prin deplasarea câmpului gravitațional al masei de repaus, la fel cum câmpul magnetic este generat prin deplasarea câmpului electric. Ca și câmpul magnetic, la viteza zero a câmpului generator, masa Δm dispare. Masa Δm poate fi asemănată cu o undă care însoțește o masă m_0 în mișcare.

Cu privire la masa de mișcare, putem spune că aceasta este un *sistem cinetic complex* alcătuit din substanță (masa de repaus m_0) și câmp (masa suplimentară Δm). O masă de repaus m_0 poate lua parte la constituirea mai multor sisteme (materiale) complexe atunci când se deplasează cu viteze diferite față de mai multe referențiale. Față de fiecare referențial însă, masele suplimentare vor fi diferite și materia lor va avea viteze diferite, dar, conform celor arătate mai înainte, domeniile lor se vor deplasa împreună cu masa m_0, având același centru de masă. Datorită vitezelor diferite ale materiilor suplimentare corespunzătoare fiecărui referențial, vitezele sistemelor cinetice vor fi diferite. Centrul de masă unic al acestor sisteme cinetice, ca și componenta m_0 comună plasată în centrul de masă, fac inutil conceptul relativist al lui Einstein privind contracția spațiului. Acest concept a fost admis pentru a explica prezumtiva poziționare a masei m_0 în două (sau mai multe) puncte diferite ale spațiului în același timp.

Să revenim acum la primul exemplu de calcul în care corpul cu masa de repaus m_0 = 1 kg se deplasează cu o viteză rectilinie și uniformă, astfel încât masa sa de mișcare are o viteză v = 0,2c.

Viteza rectilinie și uniformă v = 0,2c <u>a fost obținută prin acțiunea unei forțe asupra masei de mișcare conform relației (21)</u>. Dacă vom considera că viteza v se realizează față de un sistem inerțial mobil SI', atunci viteza realizată o notăm tot cu semnul « ' » (prim), deci v' = 0,2c. La rândul său, sistemul SI' se deplasează cu viteza rectilinie și uniformă v_0 = 0,2c față de un sistem inerțial fix SI. Vitezele v' și v_0 au aceeași direcție și același sens.

Conform calculelor anterioare și folosind semnul «prim» pentru mărimile măsurate față de SI', avem:

m' = 1,0206 kg masa de mișcare față de SI'

$\Delta m'$ = 0,0206 kg masa suplimentară față de SI'

De asemenea, din calculele anterioare a rezultat:

$v_{\Delta m}'$ = 0,101c viteza masei suplimentare față de SI'

v_{mo}' = 0,202c viteza masei de repaus față de SI'

Să calculăm acum viteza corpului de masă m_0 = 1 kg față de sistemul fix SI. Vom nota cu u viteza masei de mișcare, cu u_{mo} viteza masei de repaus și cu $u_{\Delta m}$ viteza masei suplimentare față de SI. Conform celor arătate mai înainte, masa m_0 are o poziție unică în spațiu. De aceea, viteza masei m_0 față de sistemul fix SI este:

$$u_{mo} = v_{mo}' + v_o = 0{,}202c + 0{,}2c = 0{,}402c$$

Am folosit, pentru compunerea vitezelor masei de repaus, formula cunoscută din mecanica clasică, deoarece am arătat că spaţiul şi timpul nu sunt relative, viteza luminii fiind constantă faţă de orice referenţial datorită unor fenomene electrodinamice de generare a câmpurilor electrice şi magnetice. Vom folosi însă formula de compunere relativistă a vitezelor pentru aflarea vitezei masei suplimentare faţă de sistemul fix, deoarece masa suplimentară (Δm) este constituită din câmp (ca şi masa fotonilor). Sistemul ST' poate fi materializat printr-un obiect având viteza masei sale de repaus (faţă de SI):

$$v_{moST'} = v_o = 0{,}2c$$

Această viteză a fost obţinută prin accelerarea masei obiectului cu ajutorul unei forţe conform formulei (21). Având în vedere relaţia (27) viteza masei suplimentare a obiectului fix în ST' faţă de SI este:

$$v_{\Delta mST'} = 0{,}5v_{moST'} = 0{,}1c.$$

Aplicăm formula de compunere relativistă pentru a calcula viteza masei Δm faţă de SI.

$$u_{\Delta m} = \frac{v_{\Delta mS'I'} + v'_{\Delta m}}{1 + \dfrac{v_{\Delta mS'I'} \times v'_{\Delta m}}{c^2}} = \frac{0{,}1c + 0{,}101c}{1 + \dfrac{0{,}1c \times 0{,}101c}{c^2}} = 0{,}19899c$$

Din ecuaţia de gr. 2 a sistemului (24) obţinem masa suplimentară adăugată la m_0 în referenţialul SI.

$\Delta m(c^2 - u_{\Delta m}^2) = 0{,}5m_0 u_{mo}^2$; $\Delta m = (0{,}5 \text{x} 1 \text{x} 0{,}402^2 c^2)/$
$c^2(1 - 0{,}19899^2) = 0{,}0841$ kg

Calculăm acum masa de mișcare:

$m = m_0 + \Delta m = 1 + 0{,}0841 = 1{,}0841$ kg

Din ecuația de gr. 1 a sistemului (24) obținem viteza u, a masei de mișcare față de sistemul fix SI.

$u = (m_0 u_{mo} + \Delta m\, u_{\Delta m})/m$; $u = (1 \text{x}\, 0{,}402c + 0{,}0841\text{x}$
$0{,}19899c)/1{,}0841 = 0{,}38626c$.

Calculăm acum masa de mișcare prin a doua metodă folosind formula relativistă de variație a masei:

$m_b = m_0 / \sqrt{1 - u^2/c^2} = 1 / \sqrt{1 - 0{,}38626^2 c^2/c^2} =$
$1{,}0841$ kg.

Deoarece $m = m_b$ avem o concordanță destul de bună.

Să reluăm acum al doilea exemplu de calcul, considerând că viteza rectilinie și uniformă v' = 0,5c se realizează față de sistemul mobil ST' care, la rândul său, se deplasează cu viteza rectilinie și uniformă v_0 = 0,5c față de sistemul fix SI. Din calculul anterior (folosind la fel semnul «prim») a rezultat:

$\Delta m' = 0{,}1547$ kg; $m' = 1{,}1547$ kg; $v'_{mo} = 0{,}536c$;
$v'_{\Delta m} = 0{,}2679c$.

Viteza sistemului ST' față de SI este viteza unei mase de repaus care poate materializa sistemul ST', deci $v_o = v_{moST} = 0{,}5c$. Viteza masei sale suplimentare este conform formulei (27): $v_{\Delta mST} = 0{,}5v_{moST} = 0{,}25c$.

Ca şi în cazul anterior, viteza masei m_o faţă de sistemul fix este:

$$u_{mo} = v'_{mo} + v_{moST} = 0{,}536c + 0{,}5c = 1{,}036c$$

Viteza masei suplimentare faţă de sistemul fix o calculăm ca şi în cazul anterior, prin compunerea relativistă a vitezelor:

$$u_{\Delta m} = \frac{v'_{\Delta m} + v_{\Delta mS'I'}}{1 + \dfrac{v'_{\Delta m} \times v_{\Delta mS'I'}}{c^2}} = \frac{0{,}2679c + 0{,}25c}{1 + \dfrac{0{,}2679c \times 0{,}25c}{c^2}} = 0{,}4854c$$

Calculăm la fel masa suplimentară faţă de SI:

$$\Delta m = 0{,}5m_o u_{mo}^2 / (c^2 - u_{\Delta m}^2) = 0{,}5 \times 1 \times 1{,}036^2 c^2 /$$
$$(1 - 0{,}4854^2)c^2 = 0{,}702 \text{ kg.}$$

Masa de mişcare este: $m = m_o + \Delta m = 1{,}702$ kg. Calculăm viteza masei de mişcare faţă de SI:

$$u = (m_o u_{mo} + \Delta m\, u_{\Delta m}) / m = (1 \times 1{,}036c + 0{,}702 \times$$
$$0{,}4854c) / 1{,}702 = 0{,}8089c.$$

Acum, prin a doua metodă, folosind formula relativistă a masei:

$$m_b = m_o / \sqrt{1 - u^2/c^2} = 1 / \sqrt{1 - 0{,}8089^2 c^2 / c^2} =$$
$$1{,}701 \text{ kg.}$$

Se vede că $m > m_b$ adică a rezultat o abatere. Abaterea procentuală este:

$A = (m - m_b)/m = 0,058\%$

Reluând al treilea exemplu de calcul, considerăm că viteza v'= 0,8*c* se realizează față de un sistem mobil *S'I'* care, la rândul său, are viteza v_o = 0,8*c* față de un sistem fix *SI*. Din calculul anterior și păstrând aceleași notații ca în cazul precedent, rezultă că:

m'= 1,6667 kg; $\Delta m'$ = 0,6667 kg; v'_{mo}=*c*; $v'_{\Delta m}$ = 0,5*c*.

La fel, observăm că viteza v_o = 0,8*c* este viteza masei de repaus a sistemului *S'I'*, adică: $v_{moS'I'}$ = 0,8*c*, iar viteza masei suplimentare a sistemului *S'I'* este: $v_{\Delta mS'I'}$ = 0,5x$v_{moS'I'}$ = 0,4*c*. Viteza masei m_o și viteza masei suplimentare față de *SI* se calculează la fel ca în cazul precedent și găsim că u_{mo} = 1,8*c*, iar viteza masei suplimentare este $u_{\Delta m}$ = 0,75*c*.

Urmând același model de calcul, determinăm masa suplimentară și masa de mișcare față de SI: Δm = 3,7028 kg și m = 4,7028 kg. Mai departe determinăm viteza masei de mișcare față de *SI*: u = 0,97327*c* și apoi calculăm masa de mișcare și cu formula relativistă: m_b = 4,3541 kg. Abaterea este:

$A = (m - m_b)/m = 7,4\%$.

Se pune întrebarea care este cauza abaterilor la calculul masei de mișcare în special la viteze apropiate de *c*, așa cum s-a văzut mai înainte. Pentru aceasta observăm că formula relativistă de variație a masei a fost dedusă cu ajutorul relației (7), care arată că timpul „se dilată". Dar am arătat că timpul nu se dilată, ci, datorită unor fenomene electrodinamice, lumina se propagă cu o viteză constantă. Din această cauză, formula relativistă de variație a masei (10) dă rezultate apropiate de realitate numai la viteze mici față de viteza luminii în vid. De aceea, când folosim această formulă trebuie să avem în vedere că masa calculată este aproximativă, abaterea fiind cu atât mai mare cu cât viteza este mai mare.

De asemenea, formula relativistă de compunere a vitezelor este aplicabilă fotonilor în toate cazurile, pentru că a fost dedusă pornind de la viteza constantă a luminii. Dar această formulă nu este aplicabilă sistemului material complex al masei de mișcare ($m_0 + \Delta m$) tocmai din cauza comportamentului diferit al acestuia față de fotoni. Noi am aplicat-o materiei suplimentare Δm (câmp gravitațional după aprecierea noastră), considerând că viteza câmpului gravitațional este aceeași ca viteza luminii în vid.

Aplicabilitatea limitată a unor formule în fizică nu este un caz singular. Menționăm astfel legea gazelor perfecte, aplicabilă gazelor reale numai la presiuni joase și departe de punctul de condensare.

Observăm că, în toate cazurile, viteza masei suplimentare este mai mică decât viteza masei de mișcare, iar aceasta este mai mică decât viteza masei de repaus. De asemenea, la reluarea exemplelor de calcul constatăm că viteza masei de repaus este mai mare decât dublul vitezei masei suplimentare. De aceea trebuie să revenim asupra relației (27), care trebuie modificată astfel:

$$v_{mo} \geq 2v_{\Delta m} \qquad (28)$$

Cu cât viteza masei de mișcare este mai mare, cu atât inegalitatea se accentuează, adică viteza masei de repaus crește mai mult decât crește dublul vitezei masei suplimentare.

Probabil că aceste rezultate teoretice par a fi mai greu de acceptat. Știm însă că, în natură, fenomenele se produc fie că le putem înțelege, fie că nu le putem înțelege. Pentru înțelegerea lor este necesară teoria. Urmează ca experiențele și observațiile să confirme teoria. Și în această problemă ne pot ajuta observațiile astronomice. Astfel, în anul 1993 câțiva astronomi americani au detectat quasari situați la mare distanță de Pământ (mai multe miliarde de ani lumină) a căror viteză era mai mare decât viteza luminii. La vremea respectivă, valoarea acestei constatări a fost subestimată, deoarece contrazicea conceptul relativist conform căruia viteza unui obiect alcătuit din substanță nu poate atinge viteza luminii. Însă având în vedere cele relatate mai înainte, credem că este necesar ca observației astronomice respective să i se acorde atenția cuvenită.

8. TEORIA REVIZUITĂ A RELATIVITĂȚII

Cele relatate până acum ne îndreptățesc să afirmăm că actuala teorie a relativității trebuie revizuită. Revizuirea trebuie făcută începând cu primul postulat al lui Einstein. Acesta afirmă că legile mecanicii clasice și ale electromagnetismului sunt invariante la schimbarea sistemului inerțial de referință. Dar mecanica clasică și, respectiv, electromagnetismul nu au același domeniu de studiu. Mecanica clasică se ocupă de mișcarea materiei sub formă de substanță (masă de repaus), iar electromagnetismul se ocupă de materia sub formă de câmp (câmp electric, câmp magnetic și câmp electromagnetic). De aceea, acest postulat trebuie reformulat astfel: *legile mecanicii clasice și legile electromagnetismului sunt invariante la schimbarea sistemului inerțial de referință, dar trebuie aplicate ținând seama de forma sub care se află materia, adică sub formă de substanță ori sub formă de câmp.*

Al doilea postulat al lui Einstein devine însă o lege a fizicii, *legea vitezei luminii* pe care o putem formula astfel: *ca urmare a conservării energiei undelor electromagnetice, viteza luminii în vid este constantă și nu depinde de starea de mișcare sau de repaus a sursei de lumină sau a observatorului.*

Pentru formularea mai departe a teoriei revizuite a relativității sunt necesare relațiile de transformare ale lui Lorentz. Cu ajutorul transformărilor lui Lorentz, se demonstrează relația care arată dependența masei de viteză, adică relativitatea masei, fenomen confirmat de experiențe, dar pentru viteze neapropiate de viteza luminii în vid. De asemenea, se demonstrează formula de compunere relativistă a vitezelor, și aceasta fiind confirmată experimental, însă numai pentru fotoni.

Dar relațiile privind așa-zisa dilatare a timpului (duratei) și așa-zisa contracție a lungimii nu mai pot fi considerate că ar corespunde fenomenelor reale, deși din punct de vedere matematic relațiile sunt corecte. Am arătat în acest sens care este semnificația reală a formulei care până acum a fost interpretată ca arătând dilatarea duratei (timpului). De asemenea, am arătat că viteza luminii în vid este constantă față de orice referențial ca urmare a legilor fizicii clasice, și nu datorită contracției lungimii și dilatării duratei (timpului).

Transformările lui Lorentz ne arată ce condiții ar trebui să îndeplinească spațiul și timpul pentru ca același obiect să aibă aceeași viteză în două sisteme inerțiale care se mișcă unul față de celălalt. Din aceste condiții rezultă dilatarea duratei și contracția lungimii. Experiențele arată însă că dilatarea duratei și contracția lungimii nu se produc în mod real. Există o asemănare între dilatarea duratei, contracția lungimii și numerele imaginare. În ambele cazuri formulele sunt corecte din punct de vedere matematic și utile în efectuarea unor calcule. Dar așa cum din măsurarea unor dimensiuni fizice nu vom găsi numere imaginare, la fel nu vom constata, în realitate, dilatarea duratei ori contracția lungimii.

Pe de altă parte, calculele matematice bazate pe aceleași transformări Lorentz ne arată că, de fapt, datorită modificării masei, în cele două sisteme nu se mișcă același obiect, ci <u>două obiecte</u> diferite, iar duratele proceselor (mișcărilor) acestora sunt diferite. Dar pentru că procesele (mișcările) sunt legate între ele, există o relație între duratele lor în cele două sisteme de referință. Astfel, dilatarea reală a duratei și contracția reală a lungimii devin inutile și invalidarea experimentală a acestor concepte devine explicabilă.

Teoria relativității nu mai poate fi considerată ca o nouă concepție asupra spațiului și timpului. Spațiul și timpul rămân, conform mecanicii newtoniene, aceleași în orice sistem de referință inerțial. De altfel, în loc să admitem că la mișcarea unui obiect se modifică spațiul și timpul, este mai logic să admitem că se modifică însuși obiectul respectiv. Această modificare constă în variația masei sale.

Variația masei se demonstrează plecând de la transformările lui Lorentz și considerând că timpul „se dilată" conform formulei (7). Dar, deoarece în realitate timpul nu se dilată, formula de variație a masei nu este aplicabilă la orice viteză, ci numai la viteze neapropiate de viteza luminii în vid.

Se poate demonstra formula de variație a masei altfel de cum a fost făcută de actuala teorie a relativității. Pentru aceasta să revedem Fig. 7, unde sunt reprezentate câmpurile electric și magnetic ale unei unde electromagnetice. Pentru o semiundă cu masa Δm, marcăm cu G centrul de masă al câmpului electromagnetic care se deplsează spre dreapta cu viteza $\vec{v}_G = \vec{c}$. Câmpul electric $\vec{E}$ și inducția câmpului magnetic $\vec{B}$ sunt perpendiculare între ele și perpendiculare pe direcția de propagare a luminii. După cum se știe, în timpul propagării, câmpul electric se transformă continuu în câmp magnetic, apoi din nou în câmp electric și așa mai departe. Aceasta înseamnă că particulele m_i care le constituie se deplasează continuu față de G, într-un plan perpendicular pe direcția c, pentru că $\vec{E}$ și $\vec{B}$ sunt în fază. Viteza lor de deplasare față de G este tot c, aceasta fiind viteza de propagare a câmpurilor electrice și magnetice. Pentru a afla energia semiundei, aplicăm teorema lui Koenig, care spune că energia cinetică totală a unui sistem de puncte materiale este egală cu energia centrului de masă, considerând că toată masa ar fi concentrată în acest punct, plus energia de mișcare a punctelor materiale față de centrul de masă, adică:

$$W_{cin.} = \Delta m \, v_G^2/2 + \sum m_i v_i^2/2.$$

Deoarece toate vitezele sunt egale cu c, rezultă:

$$W_{cin.} = \Delta m \, c^2.$$

Regăsim astfel formula (11) stabilită de Einstein, care arată legătura dintre masă și energie și care se generalizează pentru energii de orice formă.

Putem admite, pe baza datelor experimentale, că masa oricărui corp crește odată cu creșterea energiei sale cinetice, astfel încât masa de mișcare m este mai mare decât masa de repaus m_0. Variația masei sau masa suplimentară este $\Delta m = m - m_0$.

Să considerăm acum că un corp cu masa de repaus m_0 și masa de mișcare m are viteza masei de mișcare v, viteza masei de repaus v_{mo} și energia cinetică $W_{cin.}$

$$W_{cin.} = W_{mo} + W_{\Delta m}$$

unde:

W_{mo} este energia cinetică a masei de repaus.

$W_{\Delta m}$ este energia cinetică a masei suplimentare Δm.

Considerăm că v $<<$ c (v este mult mai mică decât c) și atunci Δm are o valoare foarte mică, iar, ca urmare, v $\approx v_{mo}$.

Atunci $W_{cin} \approx m_0 v^2 / 2$ sau $\Delta m c^2 \approx m_0 v^2 / 2$

$m - m_0 \approx m_0 v^2 / 2c^2$; $m - m_0 \approx m_0 \beta^2 / 2$. Scădem de la numitor un termen foarte mic, $\beta^4 / 4$.

$m \approx m_0 (1 + \beta^2 / 2) / (1 - \beta^4 / 4) = m_0 (1 + \beta^2 / 2) /$

$(1 + \beta^2 / 2)(1 - \beta^2 / 2) = m_0 / (1 - \beta^2 / 2)$

$\sqrt{1 - \beta^2} = \sqrt{(1 - \beta^2 / 2)^2 - \beta^4 / 4} \approx 1 - \beta^2 / 2$ (s-a neglijat termenul $-\beta^4 / 4$).

Înlocuind în formula masei de mișcare numitorul cu valoarea sa aproximativă, adică radicalul, rezultă:

$$m \approx m_0 / \sqrt{1 - \beta^2} \text{ sau } m \approx m_0 / \sqrt{1 - v^2 / c^2} \quad (29)$$

Este relația care arată legătura dintre viteză și masă asemnătoare cu relația (10) formulată de către actuala teorie a relativității, cu următoarele observații:

- nu a fost necesar să considerăm că timpul este relativ conform relației (7) a actualei teorii a relativității;
- viteza v este viteza masei de mișcare, și nu viteza masei de repaus (care poate depăși limita c);
- din relație nu aflăm valoarea exactă a masei de mișcare, ci o valoare care este cu atât mai apropiată de realitate cu cât viteza este mai mică.

Relația (29) ne determină să revenim asupra formulei (21) a legii fundamentale a dinamicii relativiste, în care trebuie înlocuit semnul egal cu aproximativ egal, adică trebuie scrisă astfel:

$$\vec{F} \approx \frac{d}{dt}\left(\frac{m_o}{\sqrt{1-v^2/c^2}}\vec{v}\right)$$

(30), unde:

$-\vec{F}$ este forța care acționează asupra masei de mișcare m;

$-\vec{v}$ este viteza masei de mișcare m.

Revenind la transformările lui Lorentz, menționăm că tot de la aceste transformări a fost obținută și formula de compunere relativistă a vitezelor, care a fost dedusă pentru lumină și este aplicabilă luminii (fotonilor) în toate cazurile. Dar pentru că spațiul și timpul nu mai sunt relative, această formulă nu mai poate fi aplicată corpurilor (substanței) în mișcare. *Sistemul material complex* al masei de mişcare se comportă diferit de faţă de fotoni. Formula de compunere relativistă a vitezelor poate fi aplicată masei suplimentare (Δm), dar vitezele masei de repaus se compun după formulele mecanicii clasice.

Viteza sistemului material complex al masei de mişcare ($m_0 + \Delta m$) se determină compunând separat vitezele masei de repaus după formula mecanicii clasice şi vitezele masei suplimentare după formula de compunere relativistă a vitezelor. Se poate calcula apoi viteza masei de mişcare folosind ecuaţia impulsului relativist, după cum am mai arătat.

Astfel, mecanica clasică rămâne mecanica maselor de repaus, constante, alcătuite din substanţă. Mecanica relativistă completează fizica clasică, determinând şi viteza masei suplimentare Δm, componentă a sistemului complex care este generat prin mişcarea substanţei.

Un alt concept care nu mai poate fi susţinut de teoria relativităţii este conceptul vitezei maxime posibile, care era limitată la viteza luminii în vid. După cum am arătat, viteza luminii în vid a putut fi depăşită tot de către lumină, într-o experienţă făcută în laborator. De asemenea, masa de repaus poate depăşi viteza luminii în vid, după cum am arătat mai îninte.

În ceea ce priveşte relaţia lui Einstein, care arată legătura dintre masă şi energie, această relaţie îşi păstrează întreaga valabilitate.

Prin revizuirea teoriei relativităţii, din aceasta dispare partea frapantă, senzaţională, adică cele două concepte privind relativitatea timpului și spațiului. De asemenea, prin revizuirea teoriei relativității dispare limitarea oricărei viteze la valoarea *c*, viteza luminii în vid.

Teoria revizuită a relativității este o teorie a *relativității masei* și *a mișcării materiei sub formă de câmp*, spre deosebire de mecanica clasică, în care masa este constantă (masă de repaus) și este constituită din substanță. Astfel teoria revizuită a relativității păstrează tot ce era valoros și util în teoria relativității restrânse a lui Einstein și, totodată, este în concordanță cu rezultatele experiențelor și observațiilor astronomice efectuate până în prezent.

București,   ILIE BELU
10 septembrie 2009

BIBLIOGRAFIE

1. BURZO E. *Fizica fenomenelor magnetice.* Vol. I. Editura Academiei, București, 1979
2. BURZO E. *Fizica fenomenelor magnetice.* Vol. II. Editura Academiei, București, 1981
3. BORN M. *Teoria relativității a lui Einstein.* Editura Științifică, București, 1969
4. CALDER N. *Einstein's Universe.* Greenwich House, Distributed by Crown Publishers, Inc., New York 1982
5. IONESCU-PALLAS N. *Relativitate generală și cosmologie.* Editura Științifică și Enciclopedică, București, 1980
6. JANOSSY L. *Theory of Relativity Based on Physical Reality.* Budapest Akadémiai Kiadó, 1971
7. MIHĂILESCU D. *Astronomie generală.* Vol. I. Tipografia Universității Timișoara, 1974
8. MIHĂILESCU D. *Astronomie generală.* Vol. II. Tipografia Universității Timișoara, 1975
9. TATOMIR E. *Astronomie generală.* Universitatea „Transilvania", Brașov, 2002
10. TONNELAT M.A. *Histoire du principe de relativité.* Flammarion Éditeur, Paris, 1971
11. URECHE V. *Universul. Vol. I. Astronomie.* Editura Dacia, Cluj-Napoca, 1982
12. URECHE V. *Universul. Vol. II. Astrofizică.* Editura Dacia, Cluj-Napoca, 1987
13. VASIU M. *Fizica teoretică.* Editura Didactică și Pedagogică, București, 1965
14. VĂRĂNCEANU GH. *Introducere în teoria relativității.* Editura Tehnică, București, 1978
15. *Curierul de fizică.* Nr. 1(32) martie 2000. Editura Horia Hulubei, București
16. *Magazin, săptămânal cultural-științific.* Nr. 8(2467), 24 februarie 2005 și Nr. 31(2490), 4 august 2005, Casa Editorială «Magazin», București
17. *Manualul inginerului.* Vol. I. Editura Tehnică, București, 1965
18. *Manualul inginerului.* Vol. II. Editura Tehnică, București, 1966

www.ingramcontent.com/pod-product-compliance
Lightning Source LLC
Chambersburg PA
CBHW032014190326
41520CB00007B/471